Lothar Seiwert

Zeit zu leben

So bekommen Sie
Ihr Leben in Balance

Lothar Seiwert

Zeit zu leben

So bekommen Sie Ihr Leben in Balance

Mit einem Vorwort von Sabine Asgodom und
Illustrationen von Werner Tiki Küstenmacher

3. Auflage

Bibliografische Information der Deutschen Nationalbibliothek

Die Deutsche Nationalbibliothek verzeichnet diese Publikation
in der Deutschen Nationalbibliografie; detaillierte bibliografische
Daten sind im Internet über http://dnb.d-nb.de abrufbar.

ISBN 978-3-86936-635-7

Eine Vorauflage dieses Buches ist erschienen
unter dem Titel „Life-Leadership"

3. Auflage 2016

Redaktion: Bettina Spangler, Overath
Lektorat: Ute Flockenhaus, Fischerhude
Umschlaggestaltung: Martin Zech Design, Bremen, www.martinzech.de
Umschlagfoto: werdewelt GmbH, Mittenaar
Satz und Layout: Fromm MediaDesign GmbH, Selters/Ts.
und Da-TeX Gerd Blumenstein, Leipzig
Druck und Bindung: Salzland Druck, Staßfurt

www.gabal-verlag.de

Inhaltsverzeichnis

Vorwort

„Wer ein Warum zu Leben hat, kann viele Wie ertragen." Diesen Satz von *Friedrich Nietzsche* kann man sich auf der Zunge zergehen lassen. Und er stimmt. Wir erleben es jeden Tag: Wenn Menschen wissen, warum und vor allem wozu sie etwas tun, dann erwachsen ihnen ungeahnte Kräfte, dann steigt der Energiepegel und Kreativität kann fließen. Doch wer verschafft uns Menschen das *Warum*? Müssen unsere Vorgesetzten uns motivieren? Müssen unsere Kunden uns anspornen? Brauchen wir tägliche Liebesbekundungen unserer Partner? Alles prima. Aber es greift zu kurz. Was, wenn unsere Vorgesetzten selbst Motivations- oder Kommunikationsdefizite haben? Was, wenn es gerade einmal nicht so toll läuft in der Selbstständigkeit? Was, wenn Krisen den Liebeshimmel vorübergehend verdüstern?

Was wir wirklich brauchen, ist das Gefühl von Selbstbestimmtheit und Selbstwirksamkeit. Eben *Life-Leadership,* wie mein Kollege und Freund *Lothar Seiwert* sein einzigartiges Programm für ein selbstbestimmtes Leben nennt. Ich habe Lothar Seiwert vor 20 Jahren auf einem Kongress kennengelernt. Ich war damals ein absoluter Neuling auf den Kongressbühnen dieser Welt. Und er hat mich wenige Tage nach meinem Debüt einem seiner Kunden empfohlen. Ich wurde gebucht. Was für ein großzügiger Mensch! Kennen Sie die Voraussetzungen für Großzügigkeit? Souveränität, Gelassenheit und Vertrauen.

Lernen Sie von diesem großartigen Menschen, wie Sie selbst Ihr Leben gestalten können, voller Zuversicht und völlig angstfrei, mit klaren Zielvorgaben und immer mit einem Gespür für Chancen, die sich Ihnen eröffnen. Erfahren Sie, wie

Sie mehr Leichtigkeit in Ihr Leben bringen, indem Sie es „entrümpeln" und hinderlichen Ballast abwerfen.

Dieses Buch wird Sie dabei begleiten, Ihr selbstbestimmtes Ich zu stärken. Dabei bestimmen Sie selbst Ziel und Richtung. Sie bestimmen den Rhythmus der Veränderungen. Profitieren Sie von der jahrzehntelangen Erfahrung des Mannes, der „der deutsche Zeitmanagement-Papst" genannt wird. Und der als Experte für Life-Leadership längst erkannt hat, dass eine kluge Lebensführung mehr ist, als nach der ABC-Liste zu leben.

Dass Sie von diesem Buch profitieren, garantiere ich Ihnen. Sie werden Zeitstress abbauen und Freiheit gewinnen. Aber mehr als das: Ihre Umgebung wird ebenfalls profitieren. Ihre Familie und Ihre Freunde, weil Sie auch Ihre *Work-Love-Balance* verbessern. Ihre Mitarbeiter und Ihr Unternehmen wird profitieren, weil Sie einen klaren Kopf behalten – auch in stürmischen Zeiten. Und Sie werden schlicht noch besser werden in Ihrem Beruf, denn Kopffreiheit schafft Kreativität.

Ich wünsche Ihnen viel Spaß beim Lesen und beim Leben!

Ihre

Sabine Asgodom, CSP

Persönlichkeitstrainerin, Erfolgscoach, Unidozentin, Keynotespeaker, Coach-Ausbilderin, Trägerin des Bundesverdienstkreuz am Bande und Bestsellerautorin (*„So coache ich", „Der süße Duft des Erfolgs", „Eigenlob stimmt", „Reden ist Gold" u.a.)*

www.asgodom.de

Work-Life-Balance:

Warum der Ausgleich zwischen Beruf und Privat immer wichtiger wird

„Nur wenn Sie innerlich in Balance sind, können Sie Balance in Ihrem Umfeld schaffen."　　*Lothar J. Seiwert*

Als ich vor einigen Jahren begann, mich intensiv mit dem Thema *Lebens-Balance* zu beschäftigen, wurde ich von vielen Kollegen als liebenswürdiger Träumer belächelt. Sie fragten sich, warum ich meine erfolgreichen Zeitmanagement-Seminare mit so etwas verwässerte und sahen den Paradigmenwechsel vom Zeitmanagement zum Lebensmanagement (Life-Leadership) als reinen Mode- und Marketing-Gag.

Lebens-Balance und Life-Leadership

Heute nimmt die Zahl der *Work-Life-Balancing*-Seminare ständig zu. Und da sich auch die Trainings- und Beratungs-Branche auf den Bedarf ihrer Zielgruppen konzentriert, scheinen sich meine damaligen Erkenntnisse heute im Markt bestätigt zu haben.

Work-Life-Balance

Schauen wir in die Unternehmen: Wachsende Verantwortung, Unsicherheit, Überstunden, Leistungsdruck – obwohl immer mehr Menschen das Privileg besitzen, eine Arbeit zu erledigen, die sie befriedigt und die ihnen Spaß macht, so nimmt der Lebensbereich Leistung im Leben vieler Menschen mehr und mehr Raum und Zeit ein. Einige Unternehmen steuern bereits gegen. Ganz fortschrittliche Manager lassen ihre wichtigen Mitarbeiter von *Lifecoaches* betreuen.

9

Außerdem versucht man durch flexible Arbeitszeitmodelle, Fitnessangebote, firmeneigene Kindertagesstätten etc. das Gleichgewicht zwischen Beruf und Privat zu ermöglichen. Dennoch besagen Studien, dass fast 90 Prozent der Manager der Meinung sind, dass in den letzten drei Jahren ihr *Stresspegel* um ein Vielfaches gestiegen ist. Und schaut man auf Gesundheitsstatistiken, dann nehmen Stressleiden wie Schlaflosigkeit, Herzrhythmusstörungen oder Magenprobleme zu.

Von der Standortbestimmung zur Zielbestimmung Natürlich können es sich nur sehr wenige leisten, ihre beruflichen Anforderungen von heute auf morgen zu reduzieren. Doch ist es relativ einfach möglich, die großen beruflichen Anforderungen mit den persönlichen Fähigkeiten, Bedürfnissen und Stärken in Übereinstimmung zu bringen. *Work-Life-Balance* beginnt immer mit einer *Standortbestimmung*. Sie hilft, sich bewusst zu machen, welche Lebensbereiche eigentlich lebensnotwenig sind und wie die Prioritäten verteilt sind. Der nächste Schritt ist eine neue *Zielbestimmung*. Mit Hilfe von bekannten Selbst- und Zeitmanagement-Techniken ist es danach einfach, die eigenen Ziele nach den Menschen und Werten auszurichten, die unserem Leben den entscheidenden Sinn geben. Nur auf diese Weise bleiben am Ende unseres Lebens die Dinge, die wirklich zählen, übrig. Denn auch die steilste Karriere im Top-Management ist keine Garantie für Glück und Zufriedenheit.

Ständig auf der Überholspur fahren, führt ins Aus

Zeitstress Wer seinen Körper täglich hintergeht – mit zu wenig Entspannung und Schlaf, ungesunder Ernährung und zu wenig Bewegung, der muss sich nicht wundern, wenn dieser eines Tages streikt und mit Krankheiten kontert. Wer die Menschen, die ihm wirklich wichtig sind, ständig auf Zeiten vertröstet, in „denen er dann einmal Zeit für sie hat", der setzt seine Beziehungen aufs Spiel und muss damit rechnen, irgendwann den Preis in Form von Scheidung, Konflikten mit den eigenen Kindern oder den Verlust von Freundschaften zu zahlen. Wer immer nur stur auf ein Karriereziel hinarbeitet und sich nicht darum kümmert, welche Dinge ihm neben den äußeren Statussymbolen wirklich wichtig sind, dem kann es passieren, dass er sich in der Mitte seines Lebens in einer heftigen *Sinnkrise* wiederfindet, die ihm vielleicht keinen Stein mehr auf seinem schön gebauten Gebäude äußerlichen Erfolgs lässt. Selbstausbeutung um jeden Preis ist leider nicht die Garantie für Lebensglück, auch wenn sie vielleicht kurzfristig die Karriereleiter nach oben führt.

Sinnkrise

Work-Life-Balancing möchte Ihnen klar machen, dass es auch ein spannendes, aufregendes und vor allem erfüllendes Leben neben der Arbeit gibt. Und die Unternehmen, die die Lebens-Balance ihrer Mitarbeiter fördern, tun das nicht unbedingt aus Nächstenliebe. Auch sie wissen, dass nur zufriedene, gesunde und ausgeglichene Menschen dauerhaft Höchstleistung erbringen können. Sich um die eigene *Lebens-Balance* zu kümmern, ist also auch ein wichtiger Baustein, um die eigenen beruflichen Ziele zu erreichen.

Leben in Balance

Lebensqualität kommt von innen

Und wie können Sie das schaffen bei all den täglichen Anforderungen? Den ersten Schritt haben Sie bereits getan, indem Sie dieses Buch zur Hand genommen haben. Denn es ist nicht wichtig, in welchen Relationen Sie Ihre Zeit auf die einzelnen Lebensbereiche verteilen. Wichtig ist einzig und allein Ihre Selbsterkenntnis und Ihre innere Haltung zu den Dingen. Die Qualität Ihrer Aktivitäten entscheidet, nicht die Quantität. Auch wenn Sie *täglich nur eine Stunde Zeit* für Ihre Kinder haben, dann können Sie diese Stunde nutzen, um ein wertvolles Band zwischen sich und ihnen aufzubauen. Sie können natürlich auch im Sessel sitzen, Zeitung lesen und sich über jede Störung beschweren. Dieser Aspekt der inne-

Zeit nehmen

11

ren Qualität, den Sie den Dingen beimessen, durchzieht Ihr gesamtes Leben. Er hat vor allem etwas mit Selbstverantwortung und der Sicht auf die Dinge zu tun. Betrachten Sie beispielsweise *zwei Manager*: Beide haben ähnliche Anforderungen. Der eine übernimmt die Verantwortung für seinen Job und achtet darauf, die Dinge selbst zu bestimmen, er nimmt seine Aufgaben mit Freude und als Herausforderung an. Der andere aber schleicht genervt und gestresst durch die Gänge und macht seinen Chef und die wirtschaftliche Situation für seine Fehlschläge verantwortlich. Und weil die Konsequenzen einer falschen inneren Einstellung zu den Dingen so fatal sind, beschäftige ich mich seit vielen Jahren damit, den Menschen aufzuzeigen, wie sie sich eine Einstellung erarbeiten können, die ihnen innere Balance verschafft. Für mich ist Erfolg eine Reise, die außen auf der Karriereleiter beginnt und immer weiter nach innen führt, bis zu dem Punkt, an dem wir unsere „*Big Idea*", unsere Lebensaufgabe, erkannt haben und all unsere äußeren Ziele danach ausrichten können – es ist die Reise zu unserer *Lebens-Balance*.

Work-Life-Balance Egal auf welcher Ebene Ihrer Karriere Sie sich befinden, ob Sie bereits auf dem Chefstuhl sitzen, noch studieren oder sich als Familienmanagerin engagieren. Erkennen Sie, wie wichtig die Balance zwischen Zielerreichung und Treibenlassen, zwischen Spannung und Entspannung und vor allem zwischen inneren Werten und äußerem Weg ist. Führen Sie bewusst einen Wandel in Ihrem Denken ein und beschreiten Sie Ihren Weg zur *Work-Life-Balance*. Wir wollen Ihnen mit diesem Ratgeber die ersten Schritte dazu erleichtern.

Lothar Seiwert
www.Lothar-Seiwert.de

1. Teil

**Tipps für gelebtes
Zeit- und Lebensmanagement**

1. Life-Leadership heißt ...

> *„Ich kenne keine ermutigendere Tatsache als die frag-*
> *lose Fähigkeit des Menschen, sein Leben durch bewusste*
> *Anstrengung weiterzuentwickeln."*
>
> Henry David Thoreau

1.1 Warum wir zum Glücklichsein eine Anleitung brauchen

Jeden Morgen um sieben Uhr klingelt der Wecker. Aufstehen, schnell unter die Dusche, ein kurzes Frühstück und dann ab ins Büro. Haben Sie das tägliche Einerlei manchmal satt? Erwägen Sie, einfach mal aus dem Hamsterrad auszubrechen? Hin und wieder wünschen Sie sich bestimmt, mehr Kontrolle über Ihr eigenes Leben zu besitzen.

Selbstbestimmt leben: Life-Leadership

Der *Beginn eines selbstbestimmten Lebens* liegt in Ihrer Hand. Entscheidend dabei ist, wie Sie persönlich Ihre Zeit nutzen. Dabei geht es weniger um klassisches Zeitmanagement als vielmehr um bewusstes *Selbstmanagement*. Bei weitem ist es nicht damit getan, Posteingänge nach Prioritäten zu sortieren und ein Zeitplanbuch zu führen. Vielmehr müssen Sie in erster Linie herausfinden, *warum* Sie etwas tun. Sie müssen also bewusst entscheiden, was Ihnen persönlich wert ist, getan zu werden. Erst dann nehmen Sie Ihr Leben eigenverantwortlich in die Hand. Die Amerikaner bezeichnen diese balancierte, selbstbestimmte Lebensgestaltung als *Life-Leadership*. Mit einer klaren Vision werden Sie herausfinden, wohin Sie fahren, und Sie werden lernen, wie Sie Ihr Schiff gekonnt durch die Höhen und Tiefen Ihres Lebens steuern. Dabei werden Sie erkennen, dass Schnelligkeit nicht immer ausschlaggebend ist. In speziellen Situationen kann es durchaus besser sein, sich für eine langsamere Gangart zu entscheiden.

Kein Resultat ohne Ursache

Das wohl fundamentalste Gesetz der westlichen Philosophie ist das *Gesetz von Ursache und Wirkung*. Es besagt, dass alles aus einem Grund geschieht und es kein Resultat ohne Ursache gibt. Selbst wenn wir nicht wissen, warum etwas passiert, so wissen wir doch, dass für alles ein Grund existiert. Wir wissen auch, dass die Natur eine *Balance*, ein harmonisches Gleichgewicht in allen Dingen fordert. Um beruflich und privat Ihr Bestes zu geben, müssen Sie Ihr Leben so ausrichten, dass Sie einen hohen Grad an Selbstbewusstsein, Selbstwertgefühl und persönlichem Stolz darin erreichen. Ihr *persönliches Glück* sollte Ihr Hauptziel sein. Es sollte das vorrangige Ziel und organisierende Prinzip in Ihrem Leben sein. Warum? Wenn Sie es sich nicht als Ziel setzen, wird es kein anderer für Sie tun.

Gesetz von Ursache und Wirkung

Manche Menschen sagen, dass es sie nicht interessiert, ob sie glücklich sind, es sei ihnen wichtig, andere Menschen glücklich zu machen. Aber Sie können nicht geben, was Sie selbst nicht besitzen. Sie können niemanden anderen glücklich machen, wenn Sie nicht selbst glücklich sind. Wenn Ihnen die Menschen in Ihrem Leben wirklich am Herzen liegen, dann beginnen Sie selbst, nach Ihren Wünschen zu fragen und sich Ihre Träume zu erfüllen. Es ist eine Tatsache, dass glückliche Eltern glückliche Kinder erziehen und glückliche Vorgesetzte ein positives Arbeitsumfeld schaffen. Glückliche Verkäufer haben glückliche Kunden. Setzen Sie sich Ihr *Glück als Hauptziel*, und denken Sie daran: Wenn Sie sich nicht selbst ausreichend darum kümmern und genügend darauf konzentrieren, wird das kein anderer für Sie tun.

Glück als Hauptziel

Die äußerlich am ehesten erkennbare Charakteristik einer glücklichen, ausgeglichenen Persönlichkeit ist eine *positive mentale Haltung*.

Positive Einstellung

15

Kontrolle über das eigene Leben wiedergewinnen

Gesetz der Kontrolle

Wir wissen auch, dass ein Sinn für Kontrolle die Basis für eine positive mentale Haltung ist. Sie fühlen sich in dem Maße negativ, in dem Sie die Kontrolle über Ihr Leben vermissen. Wenn Ihr Leben sich von einem Extrem ins andere bewegt, Sie sich von äußeren Umständen kontrolliert fühlen, wirft Sie das aus der Balance und stimmt Sie negativ. Sie genießen Ihr Leben nicht mehr so, wie Sie es sich wünschen.

Fühlen Sie sich in Balance?

Wie Sie merken, dass Sie die Kontrolle verlieren: 85 Prozent unseres Glücks resultieren aus den *Beziehungen zu anderen Menschen*. Das allererste Anzeichen, dass Ihr Leben fremdgesteuert ist, sind in der Regel Probleme in Ihren Beziehungen. Sie werden reizbar, ärgerlich und ungeduldig. Sie haben das Gefühl, dass alle an Ihnen zerren. Sie schlafen nicht richtig, fühlen sich bei jeder Bitte Ihrer Lieben ausgenutzt. Kurz: Alle negativen Anteile Ihrer Persönlichkeit werden zum Vorschein kommen. Anstatt sie zu ignorieren – was viele Menschen tun, die dann physisch krank werden oder ihre Beziehungen ruinieren –, sollten Sie dieser Problematik direkt begegnen. Stress und Unzufriedenheit keimen immer dann auf, wenn Ihre Aktivitäten und Ziele auf der einen Seite mit Ihren Wertvorstellungen auf der anderen Seite nicht länger übereinstimmen. Mit anderen Worten: Sie müssen Ihr Leben selbst-bewusst wieder in die eigenen Hände nehmen. Sobald das nicht mehr gewährleistet ist, fühlen Sie sich aus der Balance und Ihre Welt gerät aus den Fugen.

SINN FAMILIE KÖRPER ARBEIT

Was können Sie tun, um die Balance in Ihrem Leben wiederherzustellen?

Zunächst einmal sollten Sie sich in jedem Bereich Ihres Lebens fragen, ob es irgendetwas gibt, was Sie mit Ihrem heutigen Wissen *nicht mehr machen würden*. Gibt es eine Beziehung in Ihrem Leben, die Sie mit Ihrem heutigen Wissen niemals mehr eingehen würden? Jemanden, den Sie nicht mehr einstellen oder beruflich unterstützen würden? Etwas Familiäres, das Sie heute anders lösen würden? Investitionen oder Verpflichtungen, auf die Sie sich mit Ihrem jetzigen Wissen nicht mehr einlassen würden?

Was müssen Sie ändern?

Sie können Ihren *Stresspegel* als Barometer verwenden. Wann immer Sie Stress in irgendeinem Bereich Ihres Lebens empfinden, fragen Sie sich, ob Sie mit Ihrem jetzigen Wissen wieder in eine derartige Situation geraten würden. Wenn die Antwort „Nein!" lautet, dann sollte die nächste Frage lauten, wie Sie aus dieser Situation wieder herauskommen – und zwar schnell.

Stressbarometer

Wie bekommen Sie Ihr Leben wieder ins Lot? Wie eliminieren Sie die Stressmomente, die Ihrem Glück zuwiderlaufen? Um Ihre Balance zurückzuerhalten, sollten Sie Ihre Wertvorstellungen hinterfragen: *Was ist wirklich wichtig für Sie?*

Eine aufschlussreiche Frage in diesem Kontext: Wie würden Sie Ihre Zeit verbringen, wenn Sie heute erführen, dass Sie nur *noch sechs Monate zu leben* haben?

Was ist Ihnen wirklich wichtig?

Wie auch immer Ihre Antwort auf diese Frage ausfällt, sie ist ein Indiz für Ihre *wahren Werte* und möglicherweise ein Tipp, wie Sie Ihre Balance zurückerobern können.

1.2 Time is Life

High Speed

Das Geschwindigkeitsrad dreht sich immer schneller. Jeder will alles sofort, am liebsten schon vorgestern. Immer mehr Menschen klagen über erhöhten *Zeitdruck* und viele haben das Gefühl, auf der Überholspur zu leben. Managementexperten sprechen von einem Zeitalter des „Speed Management" oder „High Speed Management". Speed Management steigert in der Wirtschaft den *Arbeitsdruck* auf die betroffenen Mitarbeiter. Größere Schnelligkeit bedeutet, ein vergleichbares Arbeitsergebnis in kürzerer Zeit erbringen zu müssen beziehungsweise die Qualität und Geschwindigkeit seiner Arbeit noch zu steigern. Dazu müssen höhere Verantwortung und steigende Erwartungen im Hinblick auf die Eigeninitiative und die Kreativität bewältigt werden.

Speed Management

Speed Management als Wettbewerbsfaktor ist andererseits strategisch wichtig. Unternehmen können sich je nach Dynamik und Erfordernis der Marktsituation weiterentwickeln. Sie werden als lernende Organisation immer schneller und flexibler reagieren können.

Hurry Sickness greift um sich

> Die Informationsflut verdoppelt sich etwa alle zwanzig Monate.

Für die meisten von uns bedeutet dies, dass

- wir mindestens doppelt soviel Post, Faxe und E-Mails erhalten,
- in der gleichen Zeit doppelt soviel verlangt wird,
- wir mehr als doppelt soviele Möglichkeiten haben, was wir als Nächstes tun können.

In den USA gibt es eine neue Krankheit namens *Hurry Sickness* (Hetzkrankheit). Hurry Sickness wird durch den widersprüchlichen Irrglauben ausgelöst, dass wir, wenn wir einfach alles genug beschleunigen können, letztendlich auch alles erreichen können. Diese Einstellung führt zu chronischen Stresskrankheiten wie Herzbeschwerden, Arthritis, Magengeschwüren oder nervösen Spannungen. Die meisten Menschen berichten über ihre Freizeit, dass sie unterm Strich weniger Entspannung und weniger Lebensqualität haben.

Hurry Sickness

Freizeit-Stress

Sicher ist auch Ihnen dieses hoffnungslose Gefühl nicht unbekannt: Sie kommen am Ende eines Tages abgehetzt und erschöpft nach Hause, Sie haben so hart gearbeitet, wie Ihnen möglich war, und dennoch haben Sie das frustrierende Gefühl, dass Sie an diesem Tag nichts haben erledigen können und nur *weiter unter Druck geraten* sind. Je mehr Sie sich hetzen, desto mehr geraten Sie in Verzug. Sie fangen früher an und hören später auf. Doch kaum sind Sie am Arbeitsplatz, werden Sie von einer Welle von Krisen, Unterbrechungen, Projekten, Gesprächen und immer neuen Dringlichkeiten überrollt. Personal und Budgets werden immer weiter „gestrafft", mit weniger Leuten und weniger Geld muss mehr erreicht werden. Doch der Druck, sich ständig immer mehr beeilen zu müssen, für nichts eigentlich mehr wirklich Zeit zu haben und nicht in der Lage zu sein, sich aus dem Karussell der täglichen Verpflichtungen befreien zu können, ist nur ein Symptom der Herzkrankheit. Ihre Wurzeln gehen weiter in die Tiefe. Ebenso wie die Hunde, die einst von Pawlow so dressiert worden sind, dass ihr Speichel lief, obwohl es nichts zu fressen gab, sondern nur die Klingel läutete, so wurden wir konditioniert, uns unpassend zu beeilen.

Druck erzeugt Druck

Testen Sie sich:
Sind Sie hetzkrank?

Wie können wir feststellen, ob wir von der Hetz-krankheit infiziert sind? Schauen Sie sich die folgende Liste mit typischen Symptomen an. Kreuzen Sie die Aussagen an, die auf Sie zutreffen.

☐ *Ich fahre häufig mindestens zehn Stunden-kilometer schneller als erlaubt.*

☐ *Ich unterbreche andere und/oder beende ihre Sätze.*

☐ *Auf Sitzungen werde ich ungeduldig, wenn je-mand vom Thema abschweift.*

☐ *Es fällt mir schwer, Menschen zu respektieren, die ständig zu spät kommen.*

☐ *Ich beeile mich, immer ganz vorne in der Schlange zu sein, selbst wenn es nicht darauf ankommt (zum Beispiel als Erster aus einem Flugzeug auszustei-gen, um dann länger am Gepäckband zu stehen).*

☐ *Wenn ich in einem Laden oder Restaurant länger als einige Minuten auf die Bedienung warten muss, werde ich ungeduldig und gehe oder be-schwere mich. Für mich ist Zeit Geld!*

☐ *Im Allgemeinen betrachte ich diejenigen, die lang-sam sprechen, handeln oder entscheiden, als weni-ger fähig. Ich bewundere Menschen, die mit mei-nem hohen Tempo mithalten! Ich bin stolz auf meine Schnelligkeit, Effizienz und Pünktlichkeit.*

☐ *Ich betrachte Herumgammeln als Zeitverschwen-dung.*

☐ *Ich bin stolz darauf, Dinge fristgerecht fertig zu haben, und würde lieber auf die Chance verzich-ten, ein Produkt zu verbessern, als eine Verspä-tung in Kauf zu nehmen.*

☐ *Ich treibe meine Kinder und/oder meinen Ehe-partner häufig zur Eile an.*

Auswertung:

– 0 bis 3 Punkte:
Glückwunsch! Sie bringen gute Voraussetzungen für eine gesunde Belastbarkeit mit und wissen bereits: „In der Ruhe liegt die Kraft!"

– 4 bis 6 Punkte:
Sie leben bereits in einer *Gefahrenzone*. Setzen Sie sich mit unseren Vorschlägen auseinander und bemühen Sie sich um ein besseres ausgewogenes Verhältnis zwischen Stressbelastung und entsprechenden Ausgleichsprogrammen (Erholung, Entspannung, Psychohygiene).

– 7 und mehr Punkte:
Die Hetzkrankheit hat bei Ihnen bereits ein *gefährliches Stadium* erreicht! Sie sollten ab sofort Ihre Drehzahl konsequent reduzieren, bevor es zu spät ist.

Wenn Sie den Mut haben, Ihre eigene Hetzkrankheit zu erkennen und sich entscheiden, diesen zwanghaften Lebensstil durch eine Balance zwischen den einzelnen Lebensbereichen und Geschwindigkeiten auszugleichen, werden Sie Ihre Gesundheit, Ihre Leistungsfähigkeit und Ihre Lebensqualität verbessern.

Mut zur Entscheidung

Was Sie gegen die Hetzkrankheit tun können:

Maßnahmen
1. Sehen Sie bei der Planung jedes Tages und jeder Woche bestimmte Zeitfenster vor, die ohne Uhr ablaufen.
2. Nehmen Sie abends oder am Wochenende Ihre Uhr ab.
3. Planen Sie Zeit zum Nichtstun ein.
4. Genießen Sie Tagträumereien, Männchen malen, ein Nickerchen machen oder das Dahintreiben.
5. Wenn Sie Ihren Tag, Ihre Woche oder Ihren Monat bewerten, belohnen Sie sich dafür, dass Sie ein Gleichgewicht zwischen Tun und Sein geschaffen haben, zwischen dem Erfüllen Ihres Arbeitspensums und dem Schnuppern an Rosen, zwischen Effizientsein und Bewusstsein.
6. Planen Sie ganz bewusst Perioden der Ruhe und des Schweigens in Ihr Leben ein. Hören Sie auf Ihren Körper, Ihre Gefühle, Ihre Intuition. Die Inspiration des Genies entspringt dem Schweigen.

Zeitmanagement bedeutet eigentlich einen Widerspruch in sich. Wir können „Zeit" gar nicht „managen", sondern nur uns selbst. Zeitmanagement bedeutet *Selbstmanagement.* Denn die Zeit als konstante Größe verrinnt kontinuierlich, unerbittlich, unbeeinflussbar.

Machen auch Sie sich bewusst:
Heute beginnt der erste Tag vom Rest Ihres Lebens, den Sie mit einem neuen Zeitbewusstsein beginnen können!

Langsamkeit ist der Turbo zum Ziel

Langsamer ist effektiver

Doch Schnelligkeit braucht auch Langsamkeit. Wir müssen die Erfahrung des „zu schnell" machen, um die Kraft zu schätzen, die im „etwas langsamer" liegt!

Mit zunehmender Verbreitung der Tempo- oder *Geschwindigkeitskultur* merken immer mehr Menschen, wie wichtig es ist, ab und zu einmal einzuhalten und das Ziel neu zu fixieren. Eine Sache ruhig und gelassen anzugehen, ihre Eigendynamik zu akzeptieren, führt zu besseren Entscheidungen und Ergebnissen, als auf dem rasenden Zug des Tempowahns unkontrolliert mitzureisen. Das Empfinden für natürliche Rhythmen und Eigenzeiten muss neu gelernt werden.

Entscheidungen in Ruhe treffen heißt, sich für Lebensqualität entscheiden

Äußerungen wie: „Das geht mir alles viel zu schnell, ich hätte es gerne etwas langsamer" zeigen, dass sich viele Menschen durch das *Tempo*, dem ihr Leben unterworfen ist, überfordert fühlen. Zwischen der Zeitkultur, die wir leben, und den natürlichen Zeit- und Lebensrhythmen klafft eine immer größer werdende Lücke. Nicht umsonst trauern viele Menschen der „guten alten Zeit" nach. Sie erinnern sich daran, dass in der Vergangenheit das Leben sich an natürlichen Abläufen orientiert hat und vergolden rückblickend diese *Zeit der Langsamkeit*. Sie vermissen in unserem Leben den angemessenen Umgang mit der Zeit, die Rückkehr zu einer natürlichen Zeitordnung. Vor Erfindung und weltweiter Verbreitung der mechanischen Uhren und der Durchsetzung ihrer unerbittlichen Herrschaft über den Menschen in der Zeit der Industrialisierung bestimmten natürliche Rhythmusgeber die innere Uhr Menschen. Heute ist das Leben des Menschen weitgehend fremdbestimmt, er steckt von Geburt an in einem engen Zeitkorsett, das ihm den Ablauf seines Tages vorgibt und sich um Natürlichkeit wenig schert. Und oftmals müssen wir hilflos zusehen, wie von uns scheinbar unbekannten Mächten der Rhythmus unseres Lebens bis zur Unerträglichkeit und zum Versagen unserer Kräfte weiter beschleunigt wird.

Zeit der Langsamkeit

Zeit-Relax-Übung:

Nehmen Sie sich bewusst Auszeiten

Halten Sie einmal fünf Minuten inne und lassen Sie sich bewusst Zeit dabei. Legen Sie Ihre Armbanduhr zur Seite, nehmen Sie eine bequeme Sitzhaltung ein und schließen Sie die Augen. Nehmen Sie ein paar kräftige, tiefe Atemzüge und folgen Sie dem Rhythmus Ihres Atems. Lassen Sie Ihre Gedanken los oder kreisen und genießen Sie das beruhigende Gefühl, nichts aktiv tun zu müssen.

Gönnen Sie sich öfter eine solche persönliche Auszeit. Einmal am Tag sollten Sie sich aus Ihrem „Leben" herausziehen und sich Zeit für sich selbst nehmen. Klingelnde Telefone, fordernde Kinder, fragende Partner sollten außen vor bleiben. Sie können nur genügend Kraft für all die Anforderungen Ihrer Umwelt haben, wenn Sie immer wieder zu Ihrer Mitte finden können.

Führen Sie sich vor Augen, dass heute der *erste Tag vom Rest Ihres Lebens* begonnen hat. Die einmalige Zeit Ihres Lebens ist viel zu kostbar, um sie für unwichtige Dinge zu vergeuden.

Life-Leadership heißt ...

Wichtiges von Unwichtigem trennen

Ein konsequentes Zeitmanagement kann Ihnen dabei helfen, Wichtiges von Unwichtigem zu trennen und Ihre Lebenszeit sinnvoll zu nutzen. Dabei geht es um mehr, als nur die Stapel auf dem Schreibtisch neu zu ordnen: Zeitmanagement bedeutet sich selbst zu managen, bedeutet sein eigenes Leben aktiv zu gestalten, Herr über sein Leben und seine Zeit zu werden. Zeitmanagement bedeutet *Life-Leadership.*

Es ist zutreffend, dass wir nur in den seltensten Fällen in der Lage sind, unsere *Zeiteinteilung* vollständig selbst zu bestimmen. Ein hoher Prozentsatz unserer Zeit wird immer von *äußeren Rahmenbedingungen dominiert* werden. Wir können unser Umfeld nur in den seltensten Fällen so beeinflussen, wie wir es gerne möchten, aber dies bedeutet nicht, dass wir überhaupt keinen Einfluss darauf haben. Unsere Möglichkeiten, auf die Gestaltung unserer Zeit einzuwirken, werden immer größer als null Prozent sein und dies gilt es zu nutzen.

Über die eigene Zeit bestimmen, wo es nur irgend möglich ist

Wichtig ist es für uns, *Zeitsouveränität* zu erringen, das bedeutet, innerhalb der gegebenen Rahmenbedingungen, die wir nur in geringem Maß verändern können, Herr unserer Zeit zu werden und damit die Möglichkeit zu erlangen, unsere Zeit und unser Leben nach unseren eigenen Vorstellungen und Wünschen zu gestalten. Wir müssen uns auf das konzentrieren, was sowohl beruflich als auch privat wirklich wichtig ist, unser privates und berufliches *Leben in ein Gleichgewicht* bringen.

Konzentration auf die Dinge, die Sie weiterbringen

2. Zeit-Balance-Modell

> *„Wenn Sie weiterhin nur das tun, was Sie zurzeit tun, werden Sie auch nur das erreichen, was Sie zurzeit erreichen."*
>
> *unbekannter Autor*

2.1 Die vier Haupt-Lebensbereiche

Keine Zeit? „Jetzt nicht, keine Zeit!" „Bitte stör mich jetzt nicht!" „Dafür habe ich im Moment keine Zeit!" Wem kommen diese Ausrufe – oder besser Hilferufe – nicht bekannt vor? Wie oft haben wir sie von anderen gehört oder selbst gebraucht? Bei manchen Menschen sind sie zu der Lüge geworden, die ihr ganzes Leben bestimmt.

Leben aus den Fugen Wie oft können wir uns des Eindrucks nicht erwehren, dass unser Verhältnis zwischen Berufs- und Privatleben nicht mehr stimmt, aus den Fugen geraten ist? Die Hetze und der *Druck des Berufslebens* dominiert das Privatleben. Wir kämpfen derart darum, unser Berufsleben bewältigen zu können, das alles andere aus dem Blick gerät. So ist das Beispiel eines Freundes kein Einzelfall, der mit 43 seinen ersten Herzinfarkt erlitt, im Krankenhaus konstatieren musste, dass er sein Privatleben seinem Beruf geopfert hatte: Seine Frau hatte sich von ihm getrennt und die Kinder mitgenommen. Berufliches und familiäres Glück gingen in dem folgenden Scheidungskrieg unter. Wozu hatte er sich in seinem Beruf abgerackert und sein Privatleben immer hinten angestellt?

Das Zeit-Balance-Modell

Zeit ist Leben Beruf, Familie, Gesundheit und die Frage nach dem Sinn: *Zeit und Leben ganzheitlich managen* zu können, das ist das Ziel dieses Ansatzes der Balance zwischen den Lebensbereichen, der auf Dr. Nossrat Peseschkian

28

zurückgeht *(www.wiap.de)*. Er hat in seinen transkulturellen Untersuchungen immer wieder diese vier Einflussfaktoren auf das *Gleichgewicht zwischen Berufs- und Privatleben* herausgearbeitet. Ziel ist es, nicht einfach nur mehr Zeit aus dem Arbeitstag herauszuquetschen, sondern diese vier Bereiche in eine gesunde *Balance* zu bringen und permanent an diesem Gleichgewicht zu arbeiten.

Gleichgewicht: Beruf und Privat

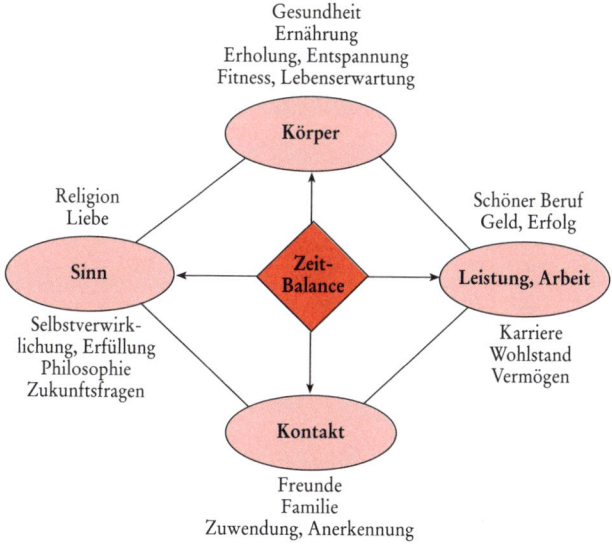

Zeit-Balance-Modell nach Seiwert-Peseschkian

© SEIWERT-INSTITUT, Heidelberg

Dieses Modell verdeutlicht, dass die einzelnen *Lebensbereiche eng miteinander verknüpft* sind. Wird einer der Bereiche überbeansprucht, etwa der Bereich des Berufes, werden sowohl das persönliche Wohlgefühl und die Gesundheit darunter leiden wie das Privatleben und die Pflege zentraler menschlicher Beziehungen. Werden persönliche Motivation und Leistungsfähigkeit nicht durch klare Wertvorstellungen und die Orientierung auf einen eindeutigen Sinn gestützt, werden sie Schaden nehmen und absinken. Wird dem beruflichen Leistungsbereich zu

Wechselwirkungen zwischen allen Lebensbereichen

viel Zeit und Aufmerksamkeit gewidmet, werden zwangsläufig die anderen Bereiche vernachlässigt. Ihre Vernachlässigung wiederum hat Rückwirkungen auf die berufliche Leistungsfähigkeit. Letzten Endes bedeutet dies, dass
aus zusätzlichen Investitionen in die Karriere letztlich
oftmals weniger Leistungsfähigkeit erwächst.

Ist Ihr Leben in Balance?

Übungen zur persönlichen Lebens-Balance

*Um mit der Arbeit an Ihrer persönlichen Lebens-
Balance beginnen zu können, sollten Sie einmal annehmen, dass die Summe der vier Lebensbereiche
einhundert Prozent, Ihr gesamtes Leben, darstellt.
Analysieren Sie nun Ihre gegenwärtig tatsächlich
gegebene Lebenssituation:*

- *Welcher Anteil in Prozent Ihrer wachen Zeit entfällt auf den Bereich Arbeit und Leistung?*

- *Wie hoch ist der Prozentsatz Ihrer Zeit, den Sie in
Ihren Körper und Ihre Gesundheit investieren?*

- *Welcher Prozentsatz entfällt auf den Bereich
Kontakte und private Beziehungen?*

- *Welchen Teil Ihrer Zeit stecken Sie prozentual in
den Bereich Sinn- und Zukunftsfragen?*

Denken Sie nicht zu lang über die Prozentverteilung
nach. Je intensiver Sie sich damit beschäftigen, umso un-
realistischer wird das Ergebnis.

Ungleichgewicht Die normale Verteilung ist eindeutig: In unserem Kultur-
kreis fallen meistens 50, 60 oder 70 Prozent auf den Be-
reich *Leistung/Beruf,* manchmal auch mehr oder deutlich
mehr. Für den Bereich Sinn- und Zukunftsfragen werden
bestenfalls fünf Prozent genannt.

2.2 Balance Your Life

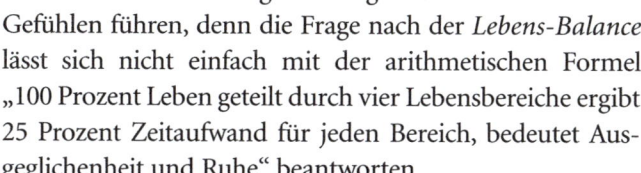

Wir sind eine *Leistungsgesellschaft.* Sinngebung spielt bei uns nur eine geringe Rolle. Die meisten von uns werden wahrscheinlich in einer intensiven Phase der Erwerbstätigkeit stecken und deshalb einen großen Teil ihrer Zeit in den Leistungsbereich investieren müssen. Dies muss zunächst einmal nicht unbedingt zu negativen Gefühlen führen, denn die Frage nach der *Lebens-Balance* lässt sich nicht einfach mit der arithmetischen Formel „100 Prozent Leben geteilt durch vier Lebensbereiche ergibt 25 Prozent Zeitaufwand für jeden Bereich, bedeutet Ausgeglichenheit und Ruhe" beantworten.

Unsere Wahrnehmung subjektiver Zeitqualität bedingt, dass auch *unterschiedliche Zeitdeputate für die vier Lebensbereiche* zu persönlichem Wohlfühlen führen können. Eine Stunde im Konzert kann wie im Fluge vergehen, uns aber Entspannung pur bringen. Diese eine Stunde erscheint viel kürzer, intensiver und befriedigender als etwa die zweistündige Beschäftigung mit der Einkommensteuer, die am Wochenende quälende Länge annehmen und uns frustrierend sinnlos vorkommen kann.

Subjektive Lebensprioritäten

Allen vier Bereichen muss *genügend Zeit* und Aufmerksamkeit gewidmet werden, um körperlichen und seelischen Erkrankungen vorzubeugen. Dies ergaben die Forschungen zur Psychosomatik, die Nossart Peseschkian vorgenommen hat und die die Wechselwirkungen zwischen Psyche, Körper und sozialem Umfeld aufgezeigt haben. Peseschkian erstellte auch eine klare Rangordnung der Bereiche in den westlichen Industrienationen:

Rang 1: Die Leistung

In unserer Gesellschaft steht der Bereich Leistung an erster Stelle. *Arbeit und Beruf* machen ein hohes Engagement erforderlich, fordern ausgeprägtes Verantwortungsgefühl für die übernommenen Aufgaben und zwingen zu ständiger beruflicher Weiterentwicklung und Fortbildung. Häufig führen schlechte Planung, verfehlte Prioritätensetzung und ineffektive Methoden zu Termindruck und schlechtem Gewissen auf Grund unerledigter oder nicht zu bewältigender Aufgaben. Wir können nicht mehr abschalten. Die Probleme bleiben nicht im Büro, sondern werden mit nach Hause genommen, unsere Freizeit leidet unter dieser Situation. Die drei übrigen Lebensbereiche werden von dem dominierenden Leistungsbereich in Mitleidenschaft gezogen.

Rang 2: Die Gesundheit

Solange es uns gut geht, solange wir körperlich gesund sind und keine Gebrechen haben, ist für viele von uns *Gesundheit selbstverständlich* und kein erwähnenswertes Thema. Ist jedoch die Gesundheit erst einmal beeinträchtigt, merkt jeder, wie wichtig dieser Lebensbereich ist und wie sehr die Defizite, die hier vorkommen, alle anderen Lebensbereiche beeinträchtigen können. Gezwungenermaßen investieren daher immer mehr Menschen oftmals erhebliche Zeit in die Erhaltung oder Wiederherstellung ihrer Gesundheit. Dabei stehen diese Anstrengungen nur allzu oft unter der Prämisse, durch erhöhte körperliche Leistungsfähigkeit auch beruflich vorankommen zu können.

Rang 3: Die Kontakte und Beziehungen

Es erscheint einfach, in diesem Bereich Einbußen zu Gunsten vor allen Dingen des Bereiches beruflicher Leistung hinnehmen zu können. Die Familie, die Freunde, die

Verwandten, alle sind zunächst einmal geneigt, dem Argument, dass der *Beruf Vorrang hat,* nachzugeben – ein typisches Merkmal unserer industriellen Leistungsgesellschaft. Doch durch diese Benachteiligung werden qualitativ hochwertige Beziehungen langfristig beeinträchtigt, gestört, oftmals irreparabel zerstört. Trotz hoher Toleranz ist gerade dieser Bereich in höchstem Maße sensibel. Die Flucht in die Arbeit, verlängerte Arbeitszeiten, Arbeit am Wochenende, oftmals mit nach Hause genommen, der zweite Computer zu Hause, der auch nur beruflichen Zwecken dient, die nicht enden wollenden Sitzungen, die Arbeitsessen mit Kollegen und Kunden, die völlige Erschöpfung am Wochenende oder am Feierabend – all diese Faktoren und viele andere mehr schädigen unsere *sozialen Kontakte.* Doch wir müssen unsere Beziehungen bewusst pflegen.

Rang 4: Die Frage nach dem Sinn

Die Frage nach der eigenen oder der familiären Zukunft, der Zukunft der Umwelt und der Menschheit und Fragen des Glaubens – die Frage nach der Sinngebung in unserem Leben – nehmen für viele Menschen zunehmend immer breiteren Raum in ihrem Leben ein. Ein *erfülltes Leben* und *Zeit für die Freizeit und die Familie* stellen zunehmend persönlich wichtige Werte dar. Gesellschaftlich ist die Tendenz zu spüren, dem Defizit in diesem Bereich, oftmals bedingt durch Überbetonung des Leistungsbereichs, gegenzusteuern.

Die Frage nach dem Sinn stellen, bevor alles sinnlos wird

Ein *Gleichgewicht aller vier Bereiche* stellt ein erstrebenswertes Ziel dar. Jede Stunde kann nur einmal vergeben werden. Wollen wir einem Bereich unseres Lebens höhere Aufmerksamkeit widmen, zieht das zwangsläufig die Reduktion eines anderen Bereiches nach sich, zumindest aber den bewussteren und effektiveren Umgang mit unserem *kostbarsten Kapital* – der *Zeit.*

Gleichgewicht

33

> *„Die meisten überschätzen, was sie in einem Jahr schaffen, und unterschätzen, was sie in zehn Jahren erreichen können."*
>
> Alexander Christiani, Erfolgstrainer

2.3. Das Konzept der Lebenshüte

Das Sieben-Hüte-System Neben dem oben beschriebenen Balance-Modell möchten wir Ihnen auch am *Prinzip der Lebenshüte* verdeutlichen, wie wichtig es ist, sich genau zu überlegen, wie und wofür Sie Ihre Zeit einsetzen.

Viele Führungskräfte und Mitarbeiter seufzen beim Stichwort Zeitplanung häufig: „Bei mir geht das nicht! Ich habe so viele verschiedene Jobs gleichzeitig!" Alle Menschen – vom Firmenchef (der von außen betrachtet nur einen einzigen Beruf zu haben scheint) bis zur Mutter und Haushaltsmanagerin – füllen die verschiedenen Rollen, im Beruf wie im Privatleben. Sie haben *verschiedene Lebenshüte* auf:

- Zum Beispiel als Verkaufsleiter, Führungskraft, strategischer Vordenker, Mitarbeiter, Projektleiter, Referent oder Dozent, Arbeitskreismitglied oder Verbandsfunktionär.
- Etwa als Ehepartner, Partner, Elternteil, Freund, Vereinsmitglied, Hobby-Koch, Vermieter, Nachbar oder Nachhilfelehrer.

Zu viele Hüte Wir hetzen durchs Leben, wir haben keine Zeit. Das Gefühl, dass wir uns verzetteln und Wesentliches auf der Strecke bleibt, verfolgt uns. Der Hauptgrund für dieses Dilemma liegt darin, dass wir uns *zu viele Hüte aufgesetzt* haben, zu viele Rollen gleichzeitig spielen wollen: Dann haben wir in unserem Leben wirkliche Zeitprobleme.

Definieren Sie Ihre Lebenshüte

Wenn Sie Ihre *Lebensprioritäten* und die Aktivitäten, die Sie bestreiten, *nach Hüten oder Rollen strukturieren*, erhalten Sie einen idealen Rahmen für Ihre gesamte Planung. Im Beruf, in der Familie, in der Gesellschaft – in all diesen Bereichen spielen wir eine Rolle, tragen wir einen Hut. Manchmal habe wir uns diese Hüte freiwillig aufgesetzt, manchmal sind sie uns von anderen gegeben worden. Immer aber müssen wir diese Rollen ausfüllen. Nur wenn wir erkennen, welche Hüte wirklich wichtig für uns sind und unsere Aktivitäten darauf beschränken, können wir ein Gleichgewicht in unser Leben bringen.

Hüte: Ausdruck Ihrer Lebensprioritäten

Die *Lebenshüte-Übung* kann der Einstieg zur entscheidenden Umstrukturierung Ihres Lebens werden. Bitte machen Sie die Übung unbedingt schriftlich!

Lebenshüte-Übung – Beginnen Sie jetzt

1. Teilen Sie ein Din-A4-Blatt in mindestens zwölf Felder auf. Schreiben Sie in jedes davon einen Ihrer Lebenshüte.

2. Bewerten Sie jeden Hut mit entsprechenden „Smileys": angenehm, gleichgültig, unangenehm. Überlegen Sie genau, welche Rollen und Lebenshüte Sie loslassen könnten.

3. Reduzieren Sie Ihre Lebenshüte auf *maximal sieben!*

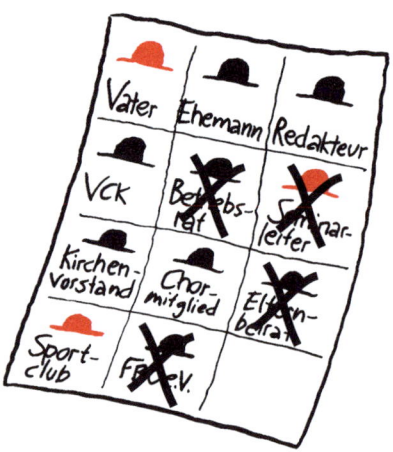

Hüte reduzieren!   Nur die *Konzentration auf das Wesentliche* bei den beruflichen wie privaten Lebenshüten garantiert Erfüllung, Ausgewogenheit und Lebenserfolg.

Es gibt Hüte und Rollen, die wir auf gar keinen Fall ablegen können und sollen, etwa im familiären Bereich:

■ Wer Kinder hat, findet sich automatisch in der biologisch bedingten Elternrolle.
■ Wer in einer Beziehung lebt, hat automatisch einen Hut als Ehe- oder Lebenspartner auf.
■ Wer die Verantwortung für Mitarbeiter trägt, hat automatisch eine Führungsrolle.
■ Wer einen Beruf ausübt, hat automatisch eine berufliche Hauptaufgabe als Hut auf – in der Regel das, wofür er eigentlich bezahlt wird.

■ Wer intensiv oder exzessiv einem Hobby nachgeht, hat automatisch auch hierfür einen entsprechenden Hut auf.

■ Wer gerade beruflich oder privat in ein großes Projekt, zum Beispiel den Hausum- oder -neubau, eingebunden ist, der hat während der gesamten Dauer einen Hut auf Zeit auf, zum Beispiel als Häuslebauer oder als Abendabiturient, Projektleiter usw.

Der Mensch ist nun einmal ein *Gewohnheitstier.* Vielen fällt es äußerst schwer, sich von langjährigen Ehrenämtern, Pöstchen und ähnlichen Verpflichtungen zu lösen und damit einhergehende, lieb gewonnene Rituale aufzugeben. Aber jeder Ballonfahrer weiß: **Mut zum Loslassen**

Wer weiter nach oben will, der muss Ballast abwerfen.

Mit diesen automatischen Hüten oder Rollen werden schnell drei, vier oder fünf Positionen Ihres sternförmigen Hütebildes ausgefüllt sein. Es geht daher vornehmlich um die *vielen Nebenrollen,* in denen wir uns so leicht verzetteln können. Ihr Leitbild und Ihre Lebensvision werden sehr viel ausgewogener sein, wenn Sie diese nach Ihren Lebenshüten aufbauen und mit Inhalt füllen. **Gefahr der Verzettelung**

3. Mit großen Schritten ans Ziel

„Ein Ziel ist ein Traum mit Deadline."

Leo B. Helzel

3.1 Ziele setzen und erreichen

Ziele schriftlich fixieren

Die Fähigkeit, Ziele zu setzen und sie schriftlich festzuhalten, ist eine elementare Voraussetzung für den Erfolg. Erfolg haben heißt: Ziele haben – alles andere ist nur eine Verzierung. Mit *schriftlich fixierten Zielen* können Sie Außergewöhnliches erreichen, ohne sie fast nichts. Alles, was Sie tun, ist grundsätzlich zielorientiert. Sie bewegen sich immer auf ein Ziel zu.

Übung – Beantworten Sie schriftlich:

1. In welchen Bereichen Ihres Lebens müssen Sie sich höhere, herausfordernde und begeisternde Ziele setzen?
2. Misserfolg ist unerlässlich für den Erfolg. Nennen Sie zwei Situationen, in denen Sie anfangs scheiterten und dann Erfolg hatten.
3. Was sind momentan Ihre drei wichtigsten Ziele im Leben?
4. Was haben Sie schon immer einmal tun wollen, sich aber nicht getraut?

3.2 Sieben Stufen bis zum Ziel

Zielplanung starten

Die Übung zeigt Ihnen, wohin Sie Ihren Weg lenken wollen. Erreichen können Sie Ihre Ziele aber nur unter der Prämisse, dass Sie einen *durchdachten Plan* haben. Tatsache ist: Jede Minute, die Sie in Planungsarbeiten investieren, spart zehn bis zwanzig Minuten in der Ausführung – keine schlechte Rendite. Am Anfang Ihrer Ziele steht ein intensives, brennendes Begehren. Je intensiver Sie Ihre Ziele erreichen wollen, umso eher werden Sie sie auch erreichen. Ihre Ziele müssen Ihr *persönliches Anliegen* sein. Sie müssen außerdem fest daran glauben, dass Ihre Ziele für Sie realistisch sind. Sie müssen vollkommen überzeugt sein, jedes Ziel zu erreichen, wenn Sie nur am Ball bleiben.

Zeit für Planung reservieren

Die Zielsetzungs-/Zielerreichungsformel ist in sieben Stufen gegliedert:

Tipp: Lernen Sie diese Schritte auswendig.
Sie werden sie immer wieder brauchen.

Stufe 1: Wohin soll Ihre Reise gehen?

Die meisten Menschen haben keine Ahnung, was sie im Leben erreichen wollen. *Was wollen Sie wirklich?* Was würden Sie wollen, wenn Sie alle Möglichkeiten hätten? Schreiben Sie das auf.

Denken Sie auf dem Papier. Ein Ziel, das nicht notiert wird, ist wie Dunst in der Luft – es ist nicht fassbar. Erst aufgeschrieben entfaltet es Kraft und Dynamik. Wenn Sie Ihre *Ziele* notieren, formulieren Sie sie *klar, spezifisch und detailliert.* Je detaillierter und spezifischer Sie Ihr Ziel gestalten, je mehr Sie es sehen und fühlen, desto eher glauben Sie, dass Sie es erreichen und desto motivierter sind Sie.

Klar und konkret formulieren

Machen Sie Ihr *Ziel messbar* und objektivierbar. Fragen Sie stets: „Wie würde ich erkennen, dass ich mein Ziel erreicht habe?" Manche Menschen sagen, dass es ihr Ziel

Ziele müssen messbar sein

41

ist, glücklich zu sein oder gesund oder reich. Das sind jedoch keine Ziele, sondern *Wünsche,* die jeder hat. Ein Ziel ist etwas Klares, spezifisch Fixiertes.

Was bringt Ihnen das Ziel?

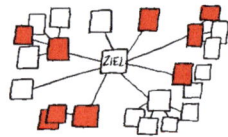

Gestalten Sie Ihre *Ziele interessant und aufregend.* Setzen Sie sie nicht zu niedrig an. Und schließlich, indem Sie entscheiden, was Sie wollen, und es aufschreiben, überlegen Sie, warum Sie es wollen. Warum sollten Sie ausgerechnet dieses Ziel erreichen? Was steckt für Sie drin? Welche Nutzen und Vorteile? Je mehr Gründe Ihnen einfallen, umso besser, denn dann wird Ihr Elan kaum zu bremsen sein.

Stufe 2: Gliedern Sie in Teilziele

Deadlines setzen

Setzen Sie sich *Deadlines.* Wenn Sie ein langfristiges Ziel in drei Jahren erreichen wollen, dann setzen Sie mittel- und kurzfristige Deadlines, nach einem Jahr, sechs Monaten, drei Monaten und einem Monat. Ein Ziel ohne Deadline und *realistische Zwischensteps* ist ein bloßer Wunsch, eine Phantasie – es hat keine Kraft und es motiviert Sie nicht. Wenn Sie sich eine Deadline setzen, programmieren Sie sie in Ihr Unterbewusstsein, und bemerkenswerte Dinge werden geschehen. Indem Sie eine Deadline setzen, beginnen Sie Ihre momentane Situation zu analysieren. Seien Sie dabei ehrlich und objektiv, spielen Sie keine Spiele mit sich. Sagen Sie nicht, dass Sie eine Million Jahresgehalt wollen, wenn Sie arbeitslos und pleite sind. Klare Deadlines, die auf einer sorgfältigen Analyse Ihrer Situation basieren, aktivieren Ihre Kräfte. Sie konzentrieren Ihre Energien und stimulieren Ihre Kreativität.

Stufe 3: Erkennen Sie Ihre Blockaden

Hindernisse identifizieren

Identifizieren Sie die *Hindernisse,* die Sie von Ihrem Ziel trennen. Wo immer große Erfolge möglich sind, gibt es auch große Hindernisse. Fragen Sie sich, warum Sie noch nicht an

Ihrem Ziel sind. Was hält Sie ab, dorthin zu gelangen? Was blockiert Ihren Weg? Was ist der begrenzende Faktor? Oftmals hindern wir uns selbst daran, ein Ziel zu erreichen. Wir speisen uns selbst ab mit Entschuldigungen wie: „Dafür habe ich jetzt keine Zeit, kein Geld …" Diese *Selbst-Blockaden* sind wahre *Räuberemotionen* – 80 Prozent aller Blockaden, die Sie von der Erreichung Ihres Zieles abhalten, liegen in Ihnen selbst. Nur 20 Prozent der Hindernisse kommen von außen.

Erkennen Sie Ihre Räuberemotionen

Stufe 4: Setzen Sie Ihre Kompetenzen ein

Identifizieren Sie die *Fertigkeiten und Kenntnisse,* die Sie zur Erreichung Ihres Ziels benötigen. Die Zukunft gehört denjenigen, die in den verschiedensten Bereichen kompetent sind. Das ist der Schlüssel zum Informationszeitalter. Es gibt fünf bis sieben *Schlüsselkompetenzen* in einem Job, einer Position oder auch in der Rolle als Ehepartner oder Elternteil – fünf bis sieben Dinge, in denen Sie absolut gut sein sollten, um einen hohen Grad an Perfektion und Gelassenheit zu erreichen. Wir wissen auch: Sie können in fünf oder sechs von sieben Gebieten exzellent sein, wenn Sie jedoch in einem Bereich schlecht sind, wird dieser Bereich Sie zurückhalten. Daher die Frage: *Welche eine Fähigkeit,* wenn Sie gut darin wären, *würde den größten Unterschied für Ihre Zukunft bringen?* Wenn Sie sich die Antwort auf diese Frage nichts selbst geben können, sollten Sie möglicherweise Ihren Chef, Kollegen oder Ihren Ehepartner um Feedback bitten. Arbeiten Sie intensiv daran, Ihre Kernkompetenz bis zur *Exzellenz* zu vervollkommnen.

Stärken gekonnt einsetzen

Ihre Kernkompetenzen haben Ihnen dabei geholfen, Ihren heutigen beruflichen Erfolgsstatus zu erreichen. Welche Kernkompetenzen werden Sie *in Zukunft* benötigen? In einem Jahr? In fünf Jahren? Wie wird Ihre nächste Arbeitsstelle aussehen? Wie wird Ihre Karriere weiter verlaufen?

Zukünftige Fähigkeiten

Stufe 5: Bilden Sie intelligente Netzwerke

Kooperation ist wichtig

Identifizieren Sie die Menschen, Gruppen und Organisationen, deren Hilfe und *Kooperation* Sie *für Ihre Zielerreichung* benötigen. Beim Thema Kooperation gibt es drei Gesetze:

- **Das Gesetz der Kompensation:** Um andere Menschen zur Mitarbeit zu bewegen, müssen Sie auf deren *Wellenlänge* schalten. Geben Sie zuerst, was die anderen brauchen. Als Verkäufer sollten Sie immer fragen, was für Ihren Kunden, als Angestellter, was für Ihren Chef drin ist. Was muss ich in die Waagschale werfen, um andere für eine Kooperation zu gewinnen?

- **Das Gesetz der Dienstleistung:** Qualität und Quantität der von Ihnen investierten Dienstleistung bestimmen Ihren Verdienst und Erfolg. Die erfolgreichsten Menschen sind diejenigen, die andere besonders effektiv mit dem versorgen, was diese wollen und brauchen. Wenn Sie Ihre Lebensqualität verbessern wollen, dann *verbessern* Sie die *Qualität Ihrer Dienstleistungen*.

- **Das Gesetz der Überkompensation:** Es postuliert, dass Sie immer mehr tun sollten, als von Ihnen erwartet wird – mehr für Ihren Chef, Ihre Firma, Ihre Kunden, Ihre Familie. Tun Sie mehr, als man von Ihnen erwartet, *gehen Sie die berühmte Extrameile* mehr.

Stufe 6: Erstellen Sie einen Umsetzungsplan

Konkrete Schritte bestimmen

Stellen Sie *detaillierte schriftliche Pläne* darüber auf, was Sie als nächstes unternehmen wollen. Pläne mit Fertigkeiten, die Sie entwickeln müssen; Hindernisse, die Sie überwinden müssen; usw. Ihre Pläne sollten detailliert, durchnummeriert und datiert sein. Sie sollten alle Schritte enthalten, die Sie zur Erreichung Ihrer Ziele benötigen – das können durchaus 20, 30 oder 40 Schritte werden. Sobald Sie die Pläne in Papierform vor sich haben, werden Sie optimistisch denken: „Na klar, ich schaffe das!"

Wenn Ihre Pläne fertig sind, organisieren Sie sie nach *Prioritäten* und zeitlichen Gesichtspunkten. Was ist das wichtigste Ziel? Was muss ich zuerst tun? Was als zweites? Legen Sie einen *Zeitplan* und *Deadlines* für die Vollendung Ihrer Ziele fest.

Prioritäten setzen – zeitlich und inhaltlich

Stufe 7: Schreiten Sie sofort zur Tat

Tun Sie unmittelbar etwas, um Ihre Ziele zu erreichen. Je beherzter Sie zur Aktion schreiten, umso mehr Energie haben Sie und umso positiver fühlen Sie sich. Sie werden auch mehr Feedback erhalten, und das wiederum schürt Ihre Motivation. *Tun Sie jeden Tag etwas, was Sie Ihren Zielen näher bringt.* Geben Sie Ihren Plänen und Zielen einen Rückhalt, indem Sie Beharrlichkeit an den Tag legen. Ihre *Beharrlichkeit* ist das Maß Ihres Glaubens an sich selbst. Sie garantiert, dass Sie sich immer weiter vorwärts bewegen und irgendwann Ihr Ziel erreichen.

Täglich ein Teilziel erreichen

Übung:

1. *Nennen Sie zwei Gründe, warum ein schriftlicher Aktionsplan für das Erreichen Ihrer Ziele hilfreich ist.*
2. *Listen Sie die drei wichtigsten Hindernisse auf, von denen Sie denken, dass sie zwischen Ihnen und Ihren Zielen liegen. Welche davon liegen in Ihnen selbst?*
3. *Was sind heute die kritischsten Erfolgsfaktoren in Ihrem Job?*
4. *Was sind Ihre drei größten Stärken?*
5. *Was können Sie tun, um die Kooperation und Unterstützung der Menschen zu bekommen, deren Hilfe Sie benötigen, um Ihre Ziele zu erreichen?*

3.3 Wie Sie Ihre persönlichen Ziele erreichen

Lebensziel kennen und näher kommen

Wenn wir über Zielerreichung sprechen, dann bedeutet das nicht, immer mehr Ziele aufzunehmen, um Ihren Tag auch optimal auszulasten. Es gilt in erster Linie zu entscheiden, welche *Dinge Sie aus Ihrem Leben streichen* wollen, um sich voll und ganz auf die Aufgaben zu konzentrieren, die Sie Ihren tatsächlichen Zielen näher bringen. Dazu müssen Sie Ihr *Lebensziel kennen* und wissen, mit welchen Teilzielen Sie ihm jährlich, monatlich, wöchentlich und täglich näher kommen. Unser Vorschlag für eine Definition der wichtigen Aufgaben in Ihrem Leben:

> Wichtig ist alles, was Sie Ihren wahren Zielen auf direktem Weg näher bringt.

Gehen Sie zu Ihren Wurzeln

Ihre *private Zukunft* ist planbar, wenn Sie Ihre Vergangenheit annehmen. Sehen Sie Ihre Erfolge als Schritte zu Ihrem großen Lebensziel. Begreifen Sie Misserfolge als Wachstumsschritte, denn wir lernen aus nichts mehr als aus unseren eigenen Erfahrungen. Unternehmen Sie im Folgenden eine kleine Reise in Ihre eigene Vergangenheit. Setzen Sie sich hin, schalten Sie alle Störfaktoren aus und gehen Sie mit der nachfolgenden Übung konsequent zurück. Wichtig ist, dass Sie alle Fragen schriftlich beantworten.

Übung: Meine Lebensbetrachtung

1. An welches erste Erfolgserlebnis in meiner Kindheit kann ich mich konkret erinnern?
2. Was denke ich über mein Elternhaus, meine Familie und meine Erziehung?
3. Welches Verhältnis habe oder hatte ich persönlich zu meinem Vater? In welchen Bereichen war oder ist er mir ein Vorbild? Inwieweit hat er mir auf meinem Lebensweg geholfen bzw. mich eingeschränkt?
4. Welches Verhältnis habe oder hatte ich persönlich zu meiner Mutter? In welchen Bereichen war oder ist sie mir ein Vorbild? Inwieweit hat sie mir auf meinem Lebensweg geholfen bzw. mich eingeschränkt?
5. In welchem Verhältnis standen oder stehen meine Eltern zueinander? Wer von beiden dominiert oder dominierte? Inwieweit hat dies mein Leben beeinflusst? Woran kann ich mich diesbezüglich erinnern?
6. Inwieweit hatten oder haben wir ein harmonisches oder ein gestörtes Familienleben? (Nennen Sie Beispiele)
7. Habe ich eine Erziehung zum Glauben genossen? Welche Bedeutung spielt der Glauben in meinem Leben heute?
8. Welche Bedeutung hat Kultur für mich? Inwieweit bin ich an Literatur, Musik oder Kunst interessiert?
9. Welche Vorbilder habe ich in Wirtschaft, Politik, Kultur, Sport und anderen gesellschaftlichen Bereichen. Wen schätze ich z. B. wegen seiner oder ihrer Leistung oder sonstiger Werte besonders?

KAPITEL 3

10. *Welchen geistigen Mentor oder welches spiritu-elle Vorbild habe ich? Wen könnte ich eventuell fragen, wenn ich mich in einer schwierigen Situation entscheiden muss?*

11. *Mit welchen Menschen verstehe ich mich gut und bin ich gerne zusammen? Inwieweit erge-ben sich daraus Auswirkungen auf mein beruf-liches und privates Leben?*

12. *Mit welchen Menschen verstehe ich mich schlecht und bin ich nur ungern zusammen? Inwieweit ergeben sich daraus Auswirkungen auf mein berufliches und privates Leben?*

13. *Welche Aufgaben, Herausforderungen oder Projekte sprechen mich an, bestätigen mich oder machen mich stark? Welche Erfolge konn-te ich dadurch erreichen?*

14. *Welches sind meine besonderen Kenntnisse (auf welchen Gebieten verfüge ich über beson-deres Wissen)? Welche besonderen Erfahrun-gen (Tätigkeiten in der Praxis) habe ich ge-macht? Über welche besonderen Fähigkeiten verfüge ich? Schreiben Sie alle Ihre besonderen Kenntnisse, Erfahrungen und Fähigkeiten auf ein Blatt und bewerten Sie diese in einer beson-deren Spalte wie folgt:*

   Fähigkeiten:
   - *Ständige Weiterbildung und aktuelles beruf-liches Wissen*
   - *Kommunikations- und meinungsstark, ich kann meinen Standpunkt gut vertreten*
   - *Organisationsstark, ich bin hervorragend organisiert*
     (Bewertung: ++ = sehr gut, + = gut, o = befriedigend)

15. Welche waren bisher meine größten Erfolge und was haben sie mir gebracht?
16. Welche Aufgaben, Herausforderungen oder Projekte liegen mir nicht? Wo fühle ich mich überfordert oder nicht in der Lage, die Aufgabe zu lösen? Zu welchen Misserfolgen ist es daher gekommen?
17. Welche Gefahren drohen mir derzeit im beruflichen Bereich? (Können, Weiterbildung, Wissen, Überlastung, Konkurrenz, Gefährdung des Unternehmens) Was kann ich dagegen tun?
18. In welchen Segmenten des privaten Bereiches drohen mit derzeit besondere Gefahren? Was kann ich dagegen tun?
   - Ehe und Partnerschaft
   - Kinder
   - Eltern, Verwandte, Freunde
   - Freizeitbeschäftigung
19. Wenn ich drei Wünsche frei hätte, was würde ich mir wünschen?
   a.
   b.
   c.

Klarheit über Werte erlangen

Nun werden Sie Klarheit darüber haben, welche Vorbilder und Einflüsse Sie bisher geprägt haben, worin Ihre *Lebenseinstellungen* und Werte liegen. Und Sie werden viel besser als bisher wissen, welche Gewohnheiten, Kontakte und Handlungen Sie beibehalten möchten und was Sie unbedingt verändern wollen. Auf jeden Fall werden Sie sehen, dass Ihre persönliche Entwicklung wenig mit Glück oder Pech zu tun hatte.

Das, was Sie gesät haben, haben Sie garantiert auch geerntet.

> **Zehn-Jahres-Rückblick**

> *Übung*
>
> *Schreiben Sie für jeden Lebensbereich auf, wo Sie vor zehn Jahren standen und was Sie bis heute alles erreicht haben, dann erkennen Sie jetzt, wie viel Sie geleistet haben. Ihr Ziel ist Ihre zukünftige Erfolgsfähigkeit. Es kommt nicht darauf an, dass besonders positive Dinge in Ihren Antworten stehen. Es ist nur wichtig, dass Sie eine ehrliche Ausgangsbasis für Ihre weitere Arbeit geschaffen haben.*

3.4 Ihre Jahreszielplanung

Durch die *Bestandsaufnahme* wissen Sie jetzt, woher Sie kommen und wie Sie bisher vorgegangen sind. Geben Sie Ihrer Zukunft einen Turbo, indem Sie durch die richtigen Ziele Ihr Lebenssteuer noch bewusster in die Hand nehmen.

1. Voraussetzung: Das Modell der Lebenshüte

Ihre wichtigsten Lebensrollen

Führen Sie sich noch einmal das Konzept der Lebenshüte (S. 34 ff.) vor Augen. Notieren Sie sich die sieben wichtigsten Rollen auf einem Din-A4-Blatt.

2. Voraussetzung: Das Zeit-Balance-Modell

Was ist in jedem Lebensbereich wichtig?

Dieselbe Verfahrensweise schlagen wir Ihnen mit dem *Zeit-Balance-Modell* vor. Schreiben Sie unter Ihre Lebensrollen in Stichworten, was Ihnen in jedem Lebensbereich wichtig ist. Das können Namen, Aktivitäten oder Ergebnisse sein. Und notieren Sie kurz den Prozentsatz, den Sie momentan jedem einzelnen Bereich widmen.

Tipp:
Sie sollten Ihre Lebens-Balance nicht rechnerisch lösen, nach der Formel: 100 geteilt durch die Anzahl der Lebensbereiche ergibt vier Teile zu 25 Prozent. Die persönliche Wohlfühl-Balance im Hinblick auf die vier Lebensbereiche wird von jedem Menschen sehr unterschiedlich wahrgenommen. Es spielt keine Rolle, wie viel Zeit Sie in den jeweiligen Bereich investieren. Es sollte aber auf jeden Fall so viel Zeit- und Energieinvest sein, dass Sie das Gefühl haben, damit zufrieden zu sein.

Lebensbereiche gewichten

Schon dieses Prozenteverteilen und die *Grobverteilung der Prioritäten in den einzelnen Lebensbereichen* verrät Ihnen das tatsächliche Problem Ihrer Planungen: Wir alle sind darauf getrimmt, nur die beruflichen Aufgaben als wichtig und terminbedürftig zu sehen (hier hatten Sie bestimmt keine Probleme, Aufgaben zu finden). Das Spielen mit unseren Kindern, die Zeit für die persönliche Weiterbildung oder das Hobby, einfach mal eine Stunde Zeit für sich selbst oder auch die gemeinsame Zeit mit dem Partner, Freunden oder einem Familienangehörigen verdrängen wir in aller Regel in unserer schriftlichen Planung.

Auch private Termine fest einplanen

Wir stecken diese wichtigen Aktivitäten im Alltag immer in die Zeiten, die neben der beruflichen Planung irgendwie übrig bleiben. Doch damit setzen wir genau die *falschen Prioritäten.* Unsere guten Vorsätze am Silvesterabend sprechen eine andere Sprache. So ungewohnt und scheinbar lächerlich es Ihnen vorkommen mag, auch noch den gemeinsamen Abend mit dem Partner schriftlich festzuhalten, genau das ist der Schlüssel: Sie müssen bereit sein, in Ihrer schriftlichen Planung allen Lebensbereichen Platz einzuräumen. Die *Falle der niemals realisierten guten Vorsätze* schnappt nämlich hier zu.

3. Voraussetzung: Ziele müssen Sie im Inneren bewegen

Ohne Gefühle keine Zielerreichung

Und noch ein Aspekt entscheidet über die Erreichbarkeit Ihrer Ziele: *Ohne Emotionen* ist jedes Ziel von vornherein eine Totgeburt. Denn *unser Handeln* wird in erster Linie von unseren inneren Bedürfnissen und Motivationen bestimmt. Möchte zum Beispiel Ihre Partnerin, dass Sie im kommenden Jahr zehn Kilogramm abnehmen, weil sie sich Sorgen um Ihre Gesundheit macht, Sie aber sind der Meinung, dass mit Ihrer Figur und Ihrer Lebensweise alles in Ordnung ist, dann brauchen Sie dieses Ziel gar nicht erst in Ihre Jahreszielplanung aufzunehmen. Es ist nicht Ihr Ziel, und Sie werden keine Gefühle der Dringlichkeit entwickeln, es zu erreichen.

Beweggründe für Ihre Zielsetzung

Überprüfen Sie, welche *Beweggründe* Ihren Zielen zugrunde liegen, bevor Sie sie in Ihre Liste aufnehmen. Es gibt negativ und positiv besetzte Beweggründe. Sie können auch Ziele erreichen, deren Auslöser solche negativen Motivatoren sind, aber Sie werden weder auf dem Weg noch im Ergebnis zufrieden mit diesen Zielen sein. Fragen Sie sich deshalb immer, bevor Sie sich ein Ziel setzen: *„Passt dieses Ziel wirklich zu mir?"* „Bin ich mit meinem Herzen dabei?"

Typische negative Beweggründe für Ihre Zielsetzung sind:

- Forderungen Ihres Umfeldes (Partner, Familie, Freunde, Chef)
- Kampf um Statussymbole
- Geltungssucht
- Minderwertigkeitskomplexe
- Neid

Positive emotionale Gründe für Ihre Zielsetzung können sein:

- Ihre Lebensvision
- Der Wunsch nach Selbstverwirklichung
- Spaß daran, anderen eine Freude zu bereiten

Jahresziele konkret: 365 Tage Disziplin

„Ich möchte gesund bleiben. Ich möchte viel Geld verdienen. Ich möchte beruflich erfolgreich werden. Ich möchte eine erfolgreiche Partnerschaft führen." Solche Allgemeinheiten bleiben in der Regel *gute Vorsätze,* um bei Gelegenheit wieder hervorgeholt zu werden. Manchmal allerdings verstreichen die Gelegenheiten: Die Kinder sind aus dem Haus, die Beziehung ist gescheitert, das Berufsleben ist ohne die gewünschten Höhen beendet und alles, was man immer auf die Zeiten verschoben hat, in denen „man endlich Zeit hat", muss leider ausfallen, weil die ungesunde Lebensweise über Jahre (trotz des jährlichen Vorsatzes, gesünder leben zu wollen) den Sieg davontrug.

> Lassen Sie deshalb Ihrem Wollen Taten folgen. Sie haben die Voraussetzungen geschaffen. Formulieren Sie jetzt Ihre Ziele für das nächste Jahr.

Jahresziele formulieren

Nur wenn Sie die *richtigen Prioritäten für die nächsten zwölf Monate* setzen, schaffen Sie es im Alltag monatlich, wöchentlich und täglich, sich auf das Wesentliche zu konzentrieren, nämlich die Aufgaben, die Sie Ihren Zielen näher bringen. Nur wer bewusst Ziele hat und verfolgt, richtet auch seine *unbewussten Kräfte* auf sein Tun aus und verstärkt die persönliche Motivation und Selbstdisziplin.

Richtige Prioritäten setzen

Damit Sie Ihre Ziele auch erreichen, müssen Sie sie gehirngerecht formulieren und die *einzelnen Etappen* festlegen, die Sie benötigen, um Sie zu erreichen.

Die SMART-Formel für Ihre Zielsetzung

Clever und SMART ans Ziel

Die *SMART-Formel* ist eine Technik, mit deren Hilfe Sie Ihre Ziele konkretisieren können. Sie können Sie für jede Art von Zielen einsetzen, egal, ob es langfristige Ziele für die nächsten zehn Jahre sind, die Etappenziele in jedem Ihrer Lebensbereiche für das nächste Jahr oder auch Ihre jeweiligen Teilziele für die nächste Woche.

Eindeutig formulieren

■ S-Spezifisch: Formulieren Sie jedes Ziel *spezifisch, konkret und eindeutig,* ansonsten bleibt es ein Wunsch. Beispiel: Vielleicht ist eine harmonische Partnerschaft einer Ihrer Wünsche. Wollen Sie daraus ein Ziel machen, dann sollten Sie konkret festlegen, was Sie dafür tun wollen.

Mess- und nachvollziehbar formulieren

■ M-Messbar: Formulieren Sie so, dass Sie den Grad der *Zielerreichung messen* können, denn ansonsten verlieren Sie Ihr Ziel aus den Augen. Beispiel: Ist es Ihr Ziel, regelmäßig zu joggen, dann machen Sie dieses Ziel messbar, indem Sie genau festlegen, wie oft, wie lange und wann Sie pro Woche joggen gehen.

Positiv formulieren

■ A-Aktionsorientiert: Formulieren Sie Ihre Ziele immer so, dass Sie *Ansatzpunkte für positive Veränderung* beinhalten, verzichten Sie darauf zu formulieren, was Sie nicht tun wollen. Beispiel: Sie nehmen sich vor, sich gesund zu ernähren. Dann formulieren Sie: „Ich werde täglich zu jeder Mahlzeit Salat, Obst oder Gemüse essen." Falsch wäre die Formulierung: „Ich werde nicht mehr gedankenlos schlemmen."

Realistisch bleiben

■ R-Realistisch: Setzen Sie Ihre Ziele immer so, dass Sie auch die Chance haben, sie zu erreichen. Der Grundsatz lautet: *ehrgeizig, aber erreichbar.* Beispiel: „Ich werde vier Mal wöchentlich joggen und werde innerhalb eines Jahres so trainieren, dass ich nach zwölf Monaten zwölf Kilometer laufen kann." Unrealistisch wäre: „Ich werde vier Mal wöchentlich trainieren, um am Ende eines Jahres den Köln-Marathon mitzulaufen."

■ **T-Terminierbar:** Versehen Sie jedes Ihrer Ziele mit einem *genauen zeitlichen Bezug,* so dass Sie sich auch an den Terminen messen können. Beispiel zu Harmonie in der Partnerschaft: „Jeden zweiten Freitag im Monat gehe ich mit meinem Partner ins Kino oder ins Theater."

Konkrete Termine setzen

Mag Ihnen diese SMART-Formel am Anfang vielleicht umständlich vorkommen, so werden Sie bei der praktischen Umsetzung merken, wie viel mehr Ihnen diese Art der *konkreten Zielsetzung* bringen wird.

Folgende kleine Tests zeigen Ihnen, ob Sie das richtige Ziel verfolgen:

■ *Zielkonzentration:* Wenn Sie im Dunkeln sitzen oder abends im Bett liegen (Sie dürfen durch nichts abgelenkt sein) und es Ihnen gelingt, zehn Minuten lang über Ihr Ziel nachzudenken und mit den Gedanken nicht abzuschweifen, dann hat Ihr *Unterbewusstsein* dieses Ziel akzeptiert.

Konzentration auf das Ziel

■ *Klare innere Bilder und Filme:* Gelingt es Ihnen, sich ein konkretes inneres Bild davon zu malen oder einen Film davon, wie es ist, wenn Sie an Ihrem Ziel angekommen sind, vor Ihrem inneren Auge zu sehen, dann sind Sie auf dem *richtigen Weg.*

Klare Vorstellung vom Ergebnis

Die 72-Stunden-Regel: Beginnen Sie sofort!

Beginnen Sie sofort mit dem ersten Schritt!

Sie kennen jetzt Ihren Fahrplan. Die wichtigste Trainingsregel lautet: „Willst Du an einer neuen Gewohnheit arbeiten, dann tue *innerhalb von 72 Stunden* nach dem guten Vorsatz den ersten Schritt dazu."

3.5 Die Richtung des Weges

„Wenn Sie wissen wollen, wohin Sie gehen, müssen Sie wissen, woher Sie kommen."

Volksweisheit

Lebensvision oder Zufall?

Haben Sie eine *Lebensvision* oder gehören Sie zu den wunschlos glücklichen Zeitgenossen, die ihr Dasein dem Zufall überlassen? Die meisten Menschen glauben ja, dass sie ihre Zukunft sowieso nicht beeinflussen können. Wozu sich also Gedanken machen? Es kommt sowieso, wie es kommen muss ... Wer in den Tag hineinlebt, wird nur die Früchte ernten, die er zufällig gesät hat.

Erst Ihr Lebensziel bestimmt den Weg

Sinn und Richtung erhält das Leben erst dann, wenn Sie eine *klare Vision*, ein berufliches und persönliches Leitbild – ein *Lebensziel* – entwickeln. Die Amerikaner sprechen in diesem Zusammenhang von der „*Big Idea*", der Idee, aus seinem Leben etwas Großes zu machen. Alle wissenschaftlichen Untersuchungen zum Thema Zielfindung und Lebensvision belegen, dass Menschen mit klaren Visionen erfolgreicher werden als andere.

Doch viele Menschen bewegen sich mehr oder weniger *ziel- oder orientierungslos* durch ihr Berufs- und Privatleben und lassen alles auf sich zukommen. Allerdings ist folgende Regel bewiesen:

Nur wer weiß, was er erreichen möchte, kann auch dorthin gelangen. Denken Sie über Ihre Lebensvision nach.

Ein gutes Beispiel dafür ist die Geschichte eines Mannes – *Wernher von Braun.* Als in den dreißiger Jahren noch alle Welt den Traum, dass ein Mensch einmal den Mond betreten könnte, für vollständige Utopie hielt, experimentierte er als Junge von nur zwölf Jahren mit Raketen und machte erste Forschungen. Fünfzig Jahre später war er als NASA-Direktor dafür verantwortlich, dass der erste Mensch zum Mond fliegen konnte.

Wernher von Braun – Lebensziel als Kind gekannt

Es sind Ihre *Visionen und Träume,* die Ihrem Leben und Ihrem Tun die Orientierung und die Richtung geben, die als Motivation und Auslöser für Veränderungen dienen. Nur wer zu einem Zeitpunkt seines Lebens einmal einen Traum gehabt hat, einen alles überwältigenden Drang verspürt hat, alles verändern zu wollen, war auch in der Lage, sich für diese Vision anzustrengen und alles dafür zu geben, Träume Realität werden zu lassen.

Erkennen Sie Ihren Lebenstraum

Eine Vision ist wie ein *mentales Kraftzentrum.* Sie kann ungeheure Energien wecken, Aktivitäten hervorrufen und andere Menschen mitreißen. Wenn Sie felsenfest an ihre Mission glauben, dann werden Sie auch in der Lage sein, gewaltige *geistige und emotionale Energien* freizusetzen, um diese Vision zu realisieren. Ihre Vision, Ihr Traum, Ihr persönliches Leitbild wird Ihrem Leben einen Sinn verleihen, wird Ihr alltägliches Tun ganz auf die Erfüllung dieses Traums ausrichten und konzentrieren. *Vision, Motivation, Inspiration* – sie alle entspringen einer gemeinsamen Quelle und bedingen einander.

Ihre Vision setzt ungeahnte Kräfte frei

KAPITEL 3

Was sind Ihre Wünsche, Träume, Visionen?

**Ihre Vision wird
Ihr Leben verändern**

Eine Vision, ein Traum, ein persönliches Leitbild gibt Ihrem Leben *Richtung und Sinn.*

Sie werden verstehen, was wirklich wichtig für Sie ist.

Sie werden Ihren Verstand auf die Realisierung Ihrer *Lebensziele programmieren* können, wenn Sie Ihre Visionen schriftlich niederlegen.

**Vision in den
Alltag integrieren**

Die *persönliche Vision* Ihres Lebens wird zu einem Bestandteil Ihres Alltags, Ihres beruflichen und privaten Lebens werden, wenn Sie den großen Plan auf Ihre Wochen- und Tagesplanung herunterbrechen und ihn mit diesen *kleinen täglichen Schritten* vernetzen.

> Wenn Sie Ihre Vision realisieren wollen, dann müssen Sie sie zunächst einmal in Ihren Gedanken umsetzen.

**Die geistige
Umsetzung kommt
vor der realen Tat**

Alles, was die Menschen geschaffen haben, jedes Produkt, jedes Ziel, das sie erreicht haben, ist vorher bereits bewusst oder unbewusst in irgendeiner Weise geistig erschaffen worden. Eine Vision muss zunächst einmal gedacht werden, ob nun als erster spontaner Gedanke oder als ausgereiftes fertiges Konzept. Bevor die Vision realisiert werden kann, muss sie in irgendeiner Form niedergelegt werden, das Bewusstsein des Menschen erreichen, in ihm Gestalt annehmen.

Menschen, die Erfolge haben, haben auch eine *klare Vorstellung* von ihrer *eigenen Zukunft.* Sie erhöhen also die Wahrscheinlichkeit, in Ihrem Leben zu erreichen, was Sie wünschen, wenn Sie zunächst einmal Ihre eigene Zukunft

im Geiste entwerfen und planen und sie dann real in **Zukunft planen**
Angriff nehmen. Unsere Zukunft, die Realisierung unserer Vision ist das unmittelbare Ergebnis unseres planen-
den Denkens.

> Nur wer sich Gedanken über seine Zukunft macht, wird
> seine Zukunftsträume realisieren können.

Einstieg: Das Leitbild in der Rückwärts-Betrachtung

Oftmals fällt es uns schwer, unsere Lebensvision aus dem
Stand und auf Anhieb aus unserem unbewussten Denken
in die Realität eines Blattes Papier überführen zu können – es fällt uns schwer, sie niederzuschreiben. Eine
Möglichkeit, dieses Problem konstruktiv anzugehen, ist,
seine eigene Grabrede zu schreiben.

Übung: Die eigene Grabrede

Es ist sicher nicht einfach, aber außerordentlich hilfreich, sich **Grabrede-Übung**
vorzustellen, man wäre Gast auf seiner eigenen Beerdigung.
Stellen Sie sich vor, Sie stünden an Ihrem eigenen, offenen
Grab. Der Sarg, in dem Sie lägen, würde niedergelassen und
Sie hätten die Möglichkeit, vor den versammelten Trauer-
gästen Ihr nunmehr abgelaufenes Leben, sowohl das berufliche wie auch das private, zu kommentieren.

Wie werden Sie Ihre Grabrede gestalten wollen?

■ *Welche positiven Aspekte in Ihrem Leben würden Sie besonders herausheben?*

■ *Welche Verdienste, Erfolge, Situationen in Ihrem Leben würden Sie besonders würdigen? Welche Aspekte würden Sie lieber verschweigen wollen? Was sollten die Trauergäste besser nicht in Erinnerung behalten?*

■ *Wem würden Sie besonders danken wollen?*

■ *An wen würden Sie besonders erinnern, appellieren, wen besonders adressieren wollen?*

■ *Was wären Ihre „berühmten letzten Worte"?*

Effektive Übung Es fällt übrigens den meisten Menschen schwer, sich vorzustellen, tot zu sein. Die Übung ist aber gerade deswegen so effektiv, weil sie dem, der sich ehrlich darauf einlässt, eine sehr *emotionale und konkrete Vorstellung* von dem gibt, was er in seinem Leben noch alles erreichen möchte.

Ihre Vision können Sie nur in sich selbst finden oder aus Ihrem Inneren heraus entwickeln.

60

4. Vom Dringenden zum Wichtigen

> *„Der Schlüssel liegt nicht darin, Prioritäten für das zu setzen, was auf Ihrem Terminplan steht, sondern darin, Termine für Ihre Prioritäten festzulegen."*
>
> Stephen R. Covey

4.1 Was wichtig ist, bestimmen Sie

Was dringlich ist, bestimmen Sie?!

Sie haben sich für den heutigen Tag eine wunderbare *To-do-Liste* erstellt. Alles ist optimal geplant. Doch dann kommt gleich zu Arbeitsbeginn Ihr Chef mit einem dringenden Projekt. Natürlich erledigen Sie das schnell, bevor Sie Ihre eigenen Dinge tun. Später ruft Ihre Frau an, weil ein Wasserrohr gebrochen ist. Natürlich kümmern Sie sich um den Handwerker. Nach der Mittagspause kommt Kollegin Meier verheult in Ihr Büro. Die geplante Beförderung ist geplatzt. Natürlich bauen Sie sie wieder auf.

Diktat der Dringlichkeit

Wir leben in einer Welt im *Dringlichkeitswahn*. Jemand möchte einen Termin mit Ihnen vereinbaren. Für wann? Natürlich sofort. Ein Gesprächspartner hat eine Anfrage. Nein, bis morgen kann er unter keinen Umständen warten. Bitte kümmern Sie sich sofort darum. Wie geht es Ihnen selbst? Am schönsten ist es doch immer, wenn man sofort einen Haken machen kann. Wenn Sie Ihren Alltag Revue passieren lassen, sehen Sie: Was dringend ist, bestimmen leider in den meisten Fällen die anderen. Oder Sie selbst bestimmen für die anderen. Beugen Sie sich diesem Diktat nicht länger. Denn genau hier liegt die entscheidende Ursache für fehlende Selbstmotivation und mangelnde Resultate – für das leere Gefühl am Abend, dass man zwar *viel gearbeitet,* aber *wenig geleistet* hat.

Die *Dringlichkeit des Tagesgeschäfts* diktiert uns mit ihren vielen kleinen Alltäglichkeiten, die auf keinen Fall warten können, unseren Tagesablauf. Unsere Konzentration auf unsere wirklich *wichtigen langfristigen Ziele* leidet unter diesem Diktat. Vor lauter Bäumen sind wir nicht mehr in der Lage, den Wald zu sehen. Unsere Visionen verschwinden hinter dem, was wir Tag für Tag erledigen müssen und was uns Tag für Tag unter Druck setzt und hektisch werden lässt.

Vor lauter Bäumen den Wald nicht sehen

4.2 Prioritäten setzen

Dringend oder wichtig?

Wer Dringendes mit Wichtigem verwechselt, kommt seiner *Lebensvision* kein Stück näher. Wie oft sind wir den ganzen Tag nur damit beschäftigt, tausend dringende Dinge zu erledigen, die andere von uns fordern? Doch auch wenn wir es schaffen sollten, all diesen obereiligen Anfragen nachzukommen, heißt das noch lange nicht, dass unser Tun auch an Gewichtigkeit gewonnen hat. Es ist ein Kampf von Quantität gegen die Qualität, der sich letztlich nur als Dieb unserer kostbaren Zeit entpuppt, die wir besser für strategisch Wichtiges nutzen sollten.

Wichtig kommt vor dringend

Proaktives Prioritätenmanagement

Ganz sicher wollen die meisten Menschem diesem Hamsterrad der Dringlichkeit entkommen. Sie setzen sich klare Ziele, denken über ihre Lebensvision nach und haben die besten Vorsätze, ihr Leben in die eigene Hand zu nehmen und zu ändern. Doch da ist noch die Sache mit dem *inneren Schweinehund.* Jeder Mensch ist in seinen Gewohnheiten gefangen, es kostet Anstrengung, sie – egal ob positiv oder negativ – zu ändern. Die Experten nennen das *Komfortzone:* Wir möchten ja gerne, aber ...

Werden Sie zum Macher

Komfortzone verlassen Gründe fallen uns immer genügend ein, warum wir die eine oder andere Sache noch nicht angegangen sind: „Ich würde mich ja gesund ernähren, aber die vielen Dienstreisen und Geschäftsessen ...", „Natürlich würde ich gern einmal im Monat mit meinem Partner ins Theater gehen, aber ...", „Ich würde gern Tätigkeit xyz ausüben, aber eigentlich geht es mir bei meiner jetzigen Arbeit ja gut – es macht mir zwar keinen Spaß, aber der Verdienst stimmt und der Job ist sicher."

Werden Sie proaktiv Viele glauben ganz einfach, von ihren Umweltbedingungen abhängig zu sein. Meinen wir, wir hätten Übergewicht, weil in unserer Familie von jeher alle Übergewicht hatten, werden wir alles tun, es zu halten. Man nennt diese Phänomene eine *„sich selbst erfüllende Prophezeihung"*. Wir werden nicht ernsthaft an einer Ernährungsumstellung arbeiten, sondern nach 14 Tagen aufgeben, weil es „ja doch keinen Zweck hat, sich so anzustrengen". Sie können Ihrer Komfortzone nur entkommen, wenn Sie sich von jetzt an selbst bestimmen. Werden Sie *proaktiv* – denken Sie im voraus. Entfliehen Sie Ihrer Komfortzone, indem Sie sich vorstellen, wie Sie sich fühlen werden, wenn Sie die richtigen Prioritäten setzen und die Dinge tun, die Sie in Ihrem Leben wirklich weiterbringen.

Entscheidungsfreiheit

Doch wir Menschen haben als einzige unter den Lebewesen die Möglichkeit, *selbst zu entscheiden,* wie wir auf bestimmte Reize (also soziale Bedingungen) reagieren. Zwischen dem Reiz und der Reaktion haben wir die Freiheit und auch die Kraft zur Verfügung, zu bestimmen, wie wir reagieren wollen.

4.3 Das Gesetz der Proaktivität

Viktor Frankl, einer der bedeutendsten Psychologen und der Begründer der Logotherapie, formulierte das Gesetz der Proaktivität:

Sie allein bestimmen, wie Sie auf alles, was Ihnen im Leben widerfährt, reagieren.

Damit können Sie also getrost all Ihre Rechtfertigungen dafür vergessen, Ihre Ziele nicht wie geplant realisiert zu haben. Sie allein entscheiden nämlich, wie Sie auf die Forderung Ihres Chefs reagieren, jetzt auch noch schnell das Angebot für Firma Eilig zu erstellen, statt wie geplant rechtzeitig Feierabend zu machen und mit dem Filius ins Schwimmbad zu gehen. *Sie allein entscheiden,* ob Sie sich auf das tägliche Schwätzchen am Kopierer einlassen oder wie geplant an Ihrer Präsentation für die neue Kampagne arbeiten, die Ihren nächsten Karriereschritt einleiten soll. Wie entscheiden Sie sich heute?

Wie entscheiden Sie heute?

Sie sehen, die feine Unterscheidung zwischen dem *Dringenden* und dem *Wichtigen* macht tatsächlich den Unterschied.

Was zählt, ist einzig und allein das *Ergebnis.* Ergebnisse erzielen wir durch *Konzentration unserer Kräfte* auf das:

Nur das Ergebnis zählt

- Was wir am besten können.
- Was uns am meisten Spaß macht.
- Womit wir wirksam zu Verwirklichung unserer Lebensvision beitragen.

Erfolgsstrategie

Das Erfolgsgeheimnis lautet also, mit welcher *Strategie* Sie Ihre Effektivität steigern und schneller zur Verwirklichung Ihrer Lebensziele beitragen: *Machen Sie die wichtigen, aber nicht dringlichen Dinge dringlich.* Im Berufsleben wird derjenige geschätzt, der Resultate bringt.

> Überstunden-Helden werden zwar wahr-, aber nicht unbedingt ernst genommen.

4.4 Konzentration auf Schlüsselaufgaben

Schon aus unserer Schulzeit sind wir es gewohnt, uns vorwiegend auf unsere Schwächen zu konzentrieren. Bereitet Ihnen die Fünf in Biologie noch immer Schmerzen, wenn Sie daran denken, welchen Aufstand Ihre Eltern und Ihre Lehrer darum gemacht haben? Doch wie war es mit den Fächern, in denen Sie besonders gut waren? Stellen Sie sich vor, Sie hätten sich damals ganz auf diese Stärken konzentriert. Dann hätten Sie dort bestimmt noch bessere Ergebnisse erzielt und hätten sich vor allem besser gefühlt, weil durch das gestiegene Selbstbewusstsein die Leistungen in den Problemfächern ebenfalls besser geworden wären. Wir müssen nicht alles können. Viel wichtiger ist es, die Sache, für die wir brennen, überdurchschnittlich gut zu beherrschen.

Stärken Sie Ihre Stärken

Lernen Sie, sich zukünftig auf Ihre Stärken zu konzentrieren, wenn Sie Ihre Wünsche und Ziele erreichen wollen. Fragen Sie sich vor dem Hintergrund Ihrer Lebenshüte:

- Mit welchen Aktivitäten kann ich die jeweils *größte Wirkung* erzielen?
- Worauf konzentriere ich mich in der Zeitspanne der nächsten *ein bis drei Jahre* vorwiegend?

Ihre Schlüsselfragen

Damit formulieren Sie Ihre *Schlüsselaufgaben,* die in Ihrem Leben allerhöchste Priorität haben. Wahrscheinlich fallen Ihnen zehn oder zwölf Kernaufgaben ein, wenn Sie sich mit diesem Gedanken auseinandersetzen. Doch hier lässt die Verzettelung schon wieder grüßen! Sie müssen sich entscheiden. Man kann nur auf wenigen Gebieten ausgezeichnete Leistungen bringen. Deshalb sollten Sie sich fragen, was Sie im Leben mehr als alles andere wollen. Vorschlag: Reduzieren Sie Ihre Schlüsselaufgaben auf eine pro Lebensbereich. Wichtig dabei: Trennen Sie niemals Berufs- und Privatleben, damit Sie Ihre Balance wahren.

Eine Schlüsselaufgabe pro Lebensbereich

Ihre Schlüsselaufgaben helfen Ihnen, Ihren *Zielen* tatsächlich *näher zu kommen.* Trauen Sie sich ruhig und erwählen Sie eine Aufgabe, bei der Sie die größte Mühe haben, Ihren inneren Schweinehund zu überwinden. Fragen Sie sich:

Bessere Zielerreichung

- Was ist aus meiner Sicht die *wichtigste Aufgabe?*
- Was würde mir *am schnellsten* helfen, mein Ziel zu erreichen?

Übung: So finden Sie Ihre Schlüsselaufgaben

Sie sollten sich nun ein paar Gedanken über Ihre beruflichen und persönlichen Schlüsselaufgaben machen. Es bietet sich zwar an, die Schlüsselaufgaben zu Jahresbeginn herauszuarbeiten, aber auch jeder andere Zeitpunkt ist günstig: „Wenn nicht jetzt – wann dann?"

Agieren ist besser als Re-agieren

Tipp:
Leben Sie proaktives Prioritäten-Management, denn Agieren ist immer besser als Re-agieren:

■ Wenn Sie Ihre Schlüsselaufgaben kennen, wird es Ihnen leichter fallen, sich in Zukunft nicht so oft vom Dringlichkeitswahn ergreifen zu lassen.

■ Bestimmen Sie Ihre Termine vorwiegend selbst, statt der Fremdbestimmung freie Hand zu lassen, und Sie werden am Abend jedes Tages glücklicher und ausgefüllter sein.

■ Sie werden sehen, wie viel Spaß es macht, zu agieren statt zu re-agieren.

Die Formulierung von Kernaufgaben für Ihre Lebenshüte und Lebensrollen sollte in keiner Weise zu einer Trennung von Beruf und Privatleben oder zur ausschließlichen Orientierung am Beruf führen. Beide Bereiche müssen integriert und ausbalanciert werden.

Schlüsselfragen

Stellen Sie sich bei der Formulierung Ihrer *Schlüsselaufgaben* die Fragen:

■ Was will und muss ich in der nächsten Zeit beruflich wie privat tun, um *erfolgreich* zu sein?

■ Was ist aus heutiger Sicht die *wichtigste Aufgabe?*

■ Was würde mir am schnellsten helfen, meinem *Leitbild* näher zu kommen?

■ Worauf will ich mich in den nächsten 18 bis 36 Monaten *konzentrieren?*

Entscheidend ist es auch, sich bei der Formulierung von Schlüsselaufgaben auf einige wenige Punkte zu konzentrieren.

An einem *Beispiel* sehen Sie, wie Sie Ihre Kernaufgaben finden können. Dabei gilt als oberste Regel: Weniger ist mehr.

Beispiel für Schlüsselaufgaben

Lebensbereich: Körper/Gesundheit

Mein Vorsatz: Gesünder leben

Etappenziel 1: *Bewegung:* Ich jogge täglich morgens um 6.00 Uhr für mindestens eine halbe Stunde.

Etappenziel 2: *Ernährung:* Ich esse nur noch zu den Mahlzeiten (drei bis fünf kleine Mahlzeiten pro Tag genügen mir). Mindestens zwei Drittel meiner Nahrung bestehen aus frischem Obst, Gemüse und fettarm zubereiteten Speisen. Ich trinke bewusst viel Wasser und ungesüßte Tees und beschränke meinen Kaffeekonsum auf zwei Tassen pro Tag. Ehernes Gesetz: Nichts Süßes, höchstens zweimal pro Woche Alkohol!

Mein Ziel: Ich kann am 31.12.2002 fünf Kilometer ohne Beschwerden durchlaufen. Ich wiege 80 Kilogramm und fühle mich so fit und gesund wie schon seit Jahren nicht mehr.

→ Schlüsselaufgabe für diesen Lebensbereich: Ich jogge mindestens drei Mal pro Woche für mindestens eine halbe Stunde.

Meine Schlüsselaufgaben 2002:

Definieren Sie Ihre Schlüsselaufgaben *für jeden der vier Lebensbereiche.* Wenn Sie sich auf diese Aufgaben konzentrieren, dann werden Ihnen die damit verbundenen Erfolgserlebnisse Aufschwung für Ihre gesamte Zielerreichung geben.

Definieren Sie Ihre Schlüsselaufgaben für 2002

Lebensbereich: Körper/Gesundheit

Meine Schlüsselaufgabe: ....

....

....

....

Lebensbereich: Arbeit/Leistung

Meine Schlüsselaufgabe: ....

....

....

....

Lebensbereich: Kontakt/Beziehungen

Meine Schlüsselaufgabe: ....

....

....

....

Lebensbereich: Sinn/Selbstverwirklichung

Meine Schlüsselaufgabe: ....

....

....

....

5. Woche und Tag bringen die Wahrheit ans Licht

„Konzentration ist der Schlüssel zum wirtschaftlichen Erfolg. Kein anderes Prinzip wird heute so häufig verletzt wie das grundlegende Prinzip der Konzentration. Stattdessen scheint das Motto zu lauten: von allem ein bisschen."

Peter F. Drucker

5.1 Bedeutung der Kräftekonzentration

Konzentration
+
Spezialisierung
=
Erfolg

Wie Sie sich und Ihre Kräfte gezielt am besten einsetzen, ist vor allem ein Frage der *richtigen Strategie.* Außergewöhnliche Erfolge gehen fast immer auf eine *Konzentration* der Kräfte und auf *Spezialisierung* zurück. Denn wer auf allen Gebieten gut sein will, kann allenfalls durchschnittlich werden. Viele Menschen verlieren oder verzetteln sich im Tagesgeschäft und finden keine Zeit, sich um die wirklich wichtigen Dinge zu kümmern. Statt Fokussierung auf Strategie wird in etwa 95 Prozent aller Unternehmen nur operative Hektik praktiziert.

EKS-Strategie

In den USA war es *Peter F. Drucker,* der sich bereits in den 60er Jahren gegen ein „Let's do a little bit of everything" aussprach. Im deutschsprachigen Raum war und ist es vor allem der Frankfurter Systemforscher *Wolfgang Mewes,* der mit seiner „Engpass-Konzentrierten-Strategie (EKS)" eine wegweisende Strategielehre entwickelt hat.

Wer seine Stärken voll und ganz einsetzt, kann Spitzenleistungen erbringen. Darum besteht das wichtigste Element einer erfolgreichen Strategie in der konsequenten Konzentration der Kräfte und Spezialisierung auf das:

- Was Sie am besten können und
- womit Sie sich selbst und Ihrer Umwelt den größten Nutzen bieten können.

Statt ein Alleskönner werden zu wollen, konzentrieren Sie sich also auf die Dinge, in denen Sie die Nummer eins werden können. So werden Sie die größten Erfolgserlebnisse verzeichnen können.

Alleskönner bleiben Mittelmaß

Es ist Fakt, dass für die meisten Menschen der Bereich Arbeit/Leistung die meiste Zeit und das größte Engagement verlangt. Oft gilt es als chic, von der beruflichen Überlastung zu sprechen und davon, wie viel Zeit man für den Job aufbringt. Doch Fakt ist auch, dass in der heutigen Wirtschaft weder die abgeleisteten Arbeitsstunden, noch die entstandenen Mühen und Anstrengungen der Mitarbeiter zählen. Was einzig und allein zählt, sind die Ergebnisse, die Sie erzielen.

Wirklich effektive und kontinuierlich befriedigende Ergebnisse können Sie nur dann erzielen, wenn Sie für sich die Rolle im Berufsleben gefunden haben, die Ihren ganz persönlichen Stärken entspricht und die Ihnen am meisten Spaß macht.

Außergewöhnliche Erfolge gehen fast immer auf die *Konzentration der Kräfte* zurück. Jeder Mensch hat seine speziellen Stärken und Schwächen. Nur wer seine Stärken voll und ganz einsetzt und sich auf seine Spitzenleistung spezialisiert, hat Erfolg. Nicht überall mittelmäßig mitmischen, sondern im richtigen Bereich der Beste sein. Der Schlüssel zum Erfolg liegt in einer Konzentration der *eigenen Stärken.*

Kräftekonzentration

> *Übung:*
>
> *In sieben Schritten zur Spitzenleistung*
>
> 1. *Ermitteln Sie Ihre speziellen Stärken.*
> 2. *Finden Sie heraus, wie Sie sie optimal einsetzen wollen.*
> 3. *Definieren Sie Ihre Ziele.*
> 4. *Skizzieren Sie Ihr Leitbild.*
> 5. *Räumen Sie die Probleme, die sich für Sie ergeben könnten, aus dem Weg.*
> 6. *Suchen Sie sich Partner oder Mentoren, die Sie auf Ihrem Weg unterstützen.*
> 7. *Überlegen Sie sich, welche Grundbedürfnisse Sie konstant erfüllen möchten.*
>
> (abgeleitet aus „Die sieben Phasen der EKS-Strategie"
> nach Wolfgang Mewes)

Konzentration ist alles

Konzentrieren Sie sich Der Schlüsselbegriff heißt *Konzentration.* Konzentration auf die eigenen Stärken, auf Prioritäten und auf die richtigen Menschen. Nur wenn Sie Ihre Rolle gefunden haben, werden Sie auch lernen, Ihr Leben in Balance zu halten und so gezielt und effektiv mit Ihrer Zeit umzugehen, dass Sie in einer annehmbaren Zahl von Stunden pro Tag die gewünschten Resultate erzielen.

Spitz statt breit

Setzen Sie an, wo es am erfolgversprechendsten ist In der Geschichte der Menschheit wurden die entscheidenden Schlachten gewonnen, weil es die Generäle verstanden, ihre Kräfte am entscheidenden Punkt zusammenzuziehen. Als Erfinder der so genannten schiefen Schlachtordnung gilt der griechische Feldherr *Epaminondas.* Seine Definition von Konzentration lautete: *„Spitz statt breit".*

Als Feldherr von Theben konzentrierte er seine Kräfte, indem er beim Angriff des Gegners einen einzigen Flügel seines Heeres verstärkte und so die gegnerische Front durchbrechen konnte. Der Vorteil: War der Feind an einer Stelle verwundet, verließ ihn die Courage, während die eigenen Krieger vom Siegesmut geradezu beflügelt wurden. **Feldherr Epaminondas**

Mit diesem Beispiel wollen wir Sie nicht dazu anregen, Feindbilder aufzubauen und deren Schwachstellen mit Hilfe der schiefen Schlachtordnung zu durchbrechen. Das Bild *„spitz statt breit"* wollen wir Ihnen anbieten, um sich für Ihr Leben und für Ihre Ziele den Grundsatz der *Konzentration* zu verinnerlichen.

Erkennen Sie Ihre toten Pferde

Eine Weisheit der *Dakota-Indianer* sagt: „Wenn Du entdeckst, dass Du ein totes Pferd reitest, dann steig ab." Leider wenden wir in unserem Leben alternative Strategien an: **Scheinritte auf toten Pferden**

1. Wir besorgen eine stärkere Peitsche.
2. Wir sagen: „So haben wir das Pferd doch immer geritten."
3. Wir gründen einen Arbeitskreis, um das Pferd zu analysieren.
4. Wir wechseln die Reiter aus.
5. Wir füttern etwas zu, was tote Pferde schneller laufen lässt.
6. Wir erklären einfach, dass unser Pferd „besser, schneller und billiger" tot ist.

Diese *Strategien* gelten bei weitem nicht nur für das Wirtschaftsleben. Sie finden sich in jeder Familie, in jeder Beziehung, bei jedem Hobby und auch in Ihrem persönlichen Karriereplan. Denn eine Sache zu „verschlimmbes- **Falsche Strategien**

75

sern" ist immer noch bequemer, als sie ganz aufzugeben und etwas Neues zu wagen. Konzentration bedeutet auch, sich auf das Richtige zu konzentrieren, indem man das Falsche hinter sich lässt.

Ihre persönliche Stärkenanalyse

„Konzentriere Dich darauf, was Du erreichen willst, nicht auf das, wovor Du Dich fürchtest."

Anthony Robbins

Genies werden nicht geboren

Erfolge durch Spezialisierung

Wunderkinder im Sport oder in der Kunst sind immer auch umstritten. „Kinderdressur" ist nicht jedermanns Sache. Doch zeigen sie ganz deutlich das *Erfolgsprinzip der Spezialisierung:* Durch Konzentration und permanente Wiederholung (Training) werden Sie zu Experten. Die amerikanischen Wissenschaftler *Anders Ericsson* und *Michael Howe* (Florida State University) fanden sogar heraus, dass die Erfolgsgeheimnisse von Mozart, Beethoven und Einstein auch nichts anderes waren als kontinuierliches Training einer ganz speziellen persönlichen Stärke.

Erfolge sind keine Frage des Talents, sondern der Konzentration auf das Talent

Ihr Fazit: Außergewöhnliche Erfolge gehen nicht auf angeborenes Talent, sondern auf *Spezialisierung und Training* zurück. Im Durchschnitt dauert es laut *Ericsson* zehn Jahre, bis ein Mensch auf seinem Gebiet zu Leistungen fähig wäre, die als schöpferisches Genie gewertet würden.

Sie sollen sich jetzt nicht ein Gebiet suchen, zehn Jahre vor sich hin trainieren, um kurz vor der Pensionierung als Experte anerkannt zu werden. Doch nutzen Sie dieses Grundprinzip der Spezialisierung für Ihre Karriere.

Erkennen Sie Ihre beruflichen Stärken

Die folgenden Übungen sollen Ihnen dabei helfen, Ihre *Stärken zu definieren*. Ausgangspunkt ist dabei immer die Frage, was Sie bisher alles geleistet haben. Sehr häufig erkennt man die eigenen Stärken nicht deutlich. Sie halten sie für so selbstverständlich, dass Sie sie gar nicht erwähnen möchten. Deshalb ist es notwendig, sich die Mühe zu machen, folgende Fragen schriftlich zu beantworten. In Ihnen ruhen *Diamanten,* die Sie vielleicht noch gar nicht als solche erkannt haben.

Wo liegen Ihre beruflichen Stärken?

Wichtig ist auch, dass Sie bei Ihren Antworten an die Dinge denken, die Ihr jetziges Arbeitsgebiet *nicht* beinhalten, die Sie aber besonders gut und gerne erledigen. Vergessen Sie also nicht Hobbys oder ehrenamtliche Tätigkeiten. Das Angenehme lässt sich viel öfter mit dem Nützlichen verbinden, als Sie glauben.

I. **Schreiben Sie die Stärken und Leistungen auf, die Ihnen spontan in den Sinn kommen.**

I. Übung: Was Sie mitbringen

■ Ihre Kenntnisse und Leistungen

1. Welche Schul-, Lehr- und Studienabschlüsse haben Sie?
2. An welchen Fortbildungsmaßnahmen haben Sie teilgenommen und welche Fähigkeiten haben Sie dort erworben?
3. Welchen Dingen galt während Ihrer Ausbildung das größte Interesse?
4. In welchen Wirtschaftszweigen haben Sie bereits Erfahrungen gesammelt?
5. Welche Funktionen haben Sie ausgeübt? Mit welchen Aufgaben waren Sie betraut?
6. Welche Aufgabengebiete haben Sie zurzeit?

7. Vergleichen Sie sich mit Ihren Kollegen: Wo sind Sie stärker als die anderen?
8. Worin sehen Sie den Entwicklungsengpass:
   ... in Ihrer Abteilung?
   ... in Ihrem Unternehmen?
   ... in Ihrer Branche?
9. Was tun Sie beruflich am liebsten?
10. Welche Hobbys, Interessen und Neigungen haben Sie?
11. Über welche finanziellen und materiellen Ressourcen verfügen Sie?

■ Ihre Erfahrungen und Problemlösungen

12. Welche Probleme haben Sie bisher in Ihrem Berufsleben gelöst?
13. An welchen Projekten haben Sie bisher mitgewirkt?
14. Für welche Leistungen wurden Sie in der Vergangenheit besonders gelobt?
15. An welcher Art von Problemen arbeiten Sie am liebsten?
16. Haben Sie gesundheitliche Stärken oder Schwächen?

■ Ihre Ziele, Leitbilder und Wunschvorstellungen

17. Was möchten Sie am Ende Ihres Arbeitslebens erreicht haben (materiell und immateriell)?
18. Haben Sie ein Vorbild? Wenn ja, wer ist es und warum?
19. Wenn Sie ganz frei wählen könnten: Welche Position möchten Sie haben?

■ Ihre Beziehungen und Ihr Image

20. Welche Beziehungen haben Sie zu Vorgesetzten, Kollegen, einflussreichen Menschen, Geldgebern, Meinungsführern (Journalisten, Redaktionen), Kollegen aus der gleichen Branche, möglichen Kooperationspartnern?
21. Was trauen Ihnen Mitarbeiter, Kollegen und Vorgesetzte zu?

22. Welche Vorstellungen haben andere von dem Unternehmen, bei dem Sie beschäftigt sind?
23. Welche Beziehungen haben Sie zu den Kunden Ihres Unternehmens?

II. Wählen Sie nun Ihre dominierenden Stärken aus. Schreiben Sie aus der Vielzahl der gefundenen Ansätze 20 heraus, die Ihnen besonders wichtig erscheinen. Bewerten Sie diese dann auf der vorgegebenen Skala. Falls Sie die Möglichkeit haben, lassen Sie eine Person Ihres Vertrauens ebenfalls eine Bewertung vornehmen.

II. Was Sie als besonders entwicklungsfähig einschätzen

Fragen Sie *Personen Ihres Vertrauens* nach Ihren Stärken. Das können der Partner, Freunde, gute Kollegen sein, Menschen, deren ehrliche Meinung Sie erwarten können. Beziehen Sie diese Meinungen in Ihre Analyse ein.

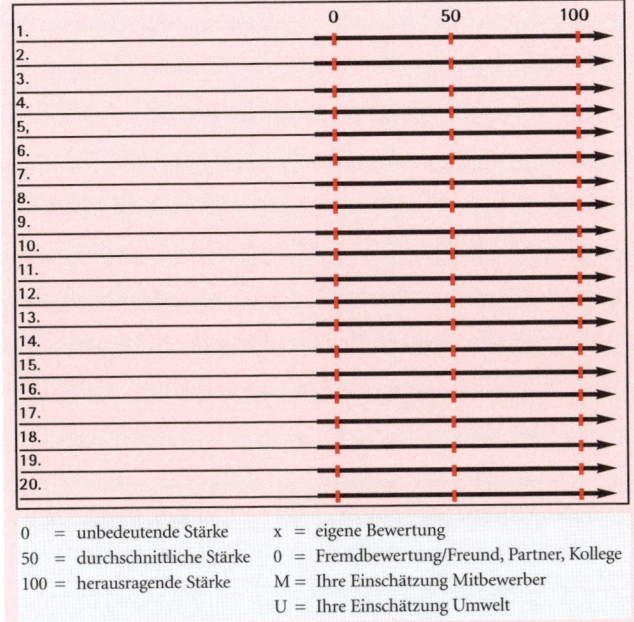

0 = unbedeutende Stärke	x = eigene Bewertung
50 = durchschnittliche Stärke	0 = Fremdbewertung/Freund, Partner, Kollege
100 = herausragende Stärke	M = Ihre Einschätzung Mitbewerber
	U = Ihre Einschätzung Umwelt

III. Worauf Sie sich konzentrieren wollen

III. Wählen Sie nun fünf Ihrer dominanten Stärken aus. Überlegen Sie, welche Stärkenkombinationen erfolgversprechend sind (das müssen nicht unbedingt Stärken sein, die mit 100 bewertet sind, manchmal ergeben zwei durchschnittliche Stärken eine einzigartige Profilierung). Ziehen Sie dazu vorab zwei Entscheidungskriterien heran:

1. Mitbewerber: Welche Stärken sind im Vergleich zu Ihren Konkurrenten (Kollegen, Mitbewerbern) herausragend, mittelmäßig, unbedeutend?

_____

_____

2. Umwelt: Wie würden Ihre Kollegen, Vorgesetzten oder Kunden diese Stärken bewerten?

_____

_____

Finden Sie Ihr Spezialgebiet

Was macht Sie einzigartig?

Ihr persönliches Stärkenprofil unterscheidet Sie von anderen und macht Sie einzigartig wie Ihren Fingerabdruck. Die nachfolgende Checkliste soll Ihnen bei der Erarbeitung Ihrer individuellen Stärken helfen.

■ Was machen Sie beruflich?

_____

_____

■ Was machen Sie besonders gerne (im Beruf, privat, ...)

_____

_____

80

■ Woran haben Sie überhaupt keinen Spaß?

_____

_____

■ Was waren Ihre größten Erfolge?

_____

_____

■ Was ist das Einzigartige an Ihnen?

_____

_____

■ Was schätzen Ihre Familie, Freunde und Kollegen an
Ihnen?

_____

_____

5.2 Der Wochen-Kompass

Um auf Ihrem Spezialgebiet erfolgreich zu werden, heißt
es nun, die gefundenen Stärken zu trainieren und zu kultivieren. Dazu müssen Sie sie in Ihren Tagesablauf integrieren. Denn Sie wissen es bereits: Wir müssen für alles
einen Preis zahlen. Sie schaffen es, wenn Sie täglich daran
arbeiten:

Spagat zwischen Vision und Aktion = täglich dranbleiben

Planen Sie Ihre Prioritäten wochenweise. Setzen Sie für
jede Woche für jeden Ihrer Lebenshüte einen konkreten,
erreichbaren Schwerpunkt. Ordnen Sie zum Beispiel
einer Schlüsselaufgabe eine oder höchstens zwei Aktivitäten zu, von denen Sie annehmen können, dass Ihnen ge-

lingt, sie in den nächsten sieben Tagen zu erledigen. Durch diese Planungsweise gewinnen Sie Gleichgewicht und Zeit für das Wesentliche.

Planen mit dem Kieselprinzip

Von der Vision zur Aktion: wöchentliche Prioritätenplanung

Nur mit einer *wöchentlichen Prioritätenplanung* gelingt Ihnen der Spagat zwischen Vision und Aktion. Entscheidend dabei ist, dass Sie für die wichtigen und zielführenden Aktivitäten zuerst entsprechende Zeitfenster oder Termine für sich selbst vergeben. *Stephen Covey* spricht in diesem Zusammenhang vom Kieselprinzip. Im ersten Schritt werden die großen Steine für wichtige Prioritäten in einem Krug untergebracht. Der Krug sollte aber nur so voll gefüllt werden, dass noch Platz bleibt für die weniger wichtigen Dinge wie Kies, Sand und Wasser.

Das Kieselprinzip: Legen Sie die großen Steine zuerst in den Krug

Planen Sie Ihre Woche nach dem *Kieselprinzip*. Stellen Sie sich vor, die wirklich wichtigen Dinge sind die großen Kieselsteine und die Woche das Gefäß, das diese Kieselsteine aufnehmen soll. Legen Sie also einige große Kieselsteine in das Gefäß. Das Gefäß wird dann rasch voll sein. Aber zwischen den Kieselsteinen wird sich noch genügend Platz befinden, um eine Menge Sand und kleinere Steine aufnehmen zu können. Eine solche Planung

stellt den *Schlüssel für eine ausgewogene Zeit- und Lebens-Balance* dar. Fixieren Sie diese Planung unbedingt schriftlich. Wenn Sie die ganze Woche über eine ausgearbeitete Agenda vorliegen haben, fällt es Ihnen leichter, Wichtiges von Unwichtigem zu unterscheiden und Nein zu den Dingen zu sagen, die Sie von der Erledigung der Prioritäten auf Ihrer Agenda abhalten. Doch nur das sind die Dinge, die Sie Ihren Lebenszielen näher bringen.

Verlieren Sie Ihren Fokus, dann kommt Ihnen rasch der Überblick abhanden. Denn die alltägliche Arbeitswoche bringt immer wieder neue Aktivitäten. Und diese Aktivitäten füllen Stück für Stück Ihren Terminkalender und Ihr Bewusstsein, und am Ende verdrängen sie auch Ihre langfristigen Ziele. Das Ergebnis wird sein, dass das Dringende das Wesentliche vom Tisch schubst und Sie am Ende der Woche das Gefühl haben, zwar viel getan, aber nichts erreicht zu haben.

Vorsicht vor dem Dringenden

Eine andere Möglichkeit, die Woche zu organisieren, besteht darin, *jedem Wochentag einen Lebenshut* oder eine Lebensrolle zuzuordnen. Dies erlaubt es, sich an dem festgesetzten Tag, jeweils ganz auf die Rolle oder den Hut konzentrieren zu können. Bei dieser Art der Planung ist es jedoch wichtig, dass Sie *flexibel* bleiben. Sie müssen auch weiterhin auf das Tagesgeschehen reagieren können. Schließlich geht es darum, Ergebnisse und Erfolge zu erzielen, und nicht darum, nur stur einen Plan abzuarbeiten.

Planen nach Lebenshüten

Wichtig ist: Tragen Sie Ihre wichtigsten Aufgaben vor Wochenbeginn in Ihren Timer ein. Nur so schaffen Sie es, die Zeit für Ihre Prioritäten freizuschaufeln.

Am Ende einer Woche sollte Ihre *persönliche Erfolgsbilanz* stehen.

Checkliste für Ihre Wochenplanung

1. Machen Sie sich Ihr Leitbild und Ihre Lebenshüte oder -rollen bewusst.
   - Denken Sie positiv und setzen Sie sich motivierende Ziele!
   - Behalten Sie immer im Hinterkopf: Der Schlüssel zum Erfolg ist die Balance in allen Lebensbereichen!

2. Konzentrieren Sie sich auf Ihre Schlüsselaufgaben.
   - Tun Sie das wirklich Wichtige, um erfolgreich zu sein.
   - Schaffen Sie eine Balance zwischen Berufs- und Privatleben.

3. Planen Sie Ihre Aktivitäten im Hinblick auf Ihre Ziele.
   - Halten Sie schriftlich fest, was Sie am nächsten Tag erledigen wollen.
   - Lassen Sie Ihr Unterbewusstsein für sich arbeiten.

4. Setzen Sie Prioritäten und erledigen Sie die wichtigen Dinge.
   - Packen Sie Wichtiges zuerst an, lassen Sie Unwichtiges liegen.
   - Lassen Sie sich nicht von der Tyrannei der Dringlichkeit unterkriegen.

5. Erledigen Sie alle Aktivitäten diszipliniert und konsequent.
   - Wenn nicht jetzt, wann dann? Keine Aufschieberitis.

- *Teilen Sie große, schwierige Aufgaben in kleine Schritte ein.*

6. *Schalten Sie Störfaktoren und Zeitdiebe aus.*
- *Lernen Sie, Nein zu sagen und loslassen zu können.*
- *Planen Sie Zeit für Unerwartetes und Spontanes ein.*

7. *Ziehen Sie am Ende der Woche Bilanz und genießen Sie Ihren Erfolg.*
- *Verbuchen Sie Erledigtes und Erreichtes als Erfolg.*
- *Belohnen Sie sich selbst und andere.*

5.3 Effiziente Tagesplanung

Auch wenn Sie genau festgelegt haben, was Sie in der Woche erreichen wollen – Papier ist so lange geduldig, bis der Praxistest kommt. Erst in Ihrer Tagesplanung wird sich erweisen, ob Sie den Versuchungen der Zeitdiebe widerstehen können, ob Sie es zustande bringen, sich tatsächlich auf Ihre Schlüsselaufgaben zu konzentrieren. Bei der täglichen Umsetzung stellt sich schließlich die entscheidende Frage, wie Sie konsequent die notwendige Energie und Selbstdisziplin aufbringen und sich selbst immer wieder motivieren können, regelmäßig Erfolg zu haben. Denn nur wenn Sie Ihren Tag konsequent planen und leben, können Sie Ihren Lebensacker kultivieren und Ihren Zielen Schritt für Schritt näher kommen.

Die tägliche Feuerprobe Ihrer Ziele

85

60-20-20-Regel einsetzen

Tipp: Unterschätzen Sie Ihren tatsächlichen Zeitbedarf nicht. Verplanen Sie niemals mehr als 60 Prozent Ihres Tages fest. Als Faustregel gilt: 60-20-20. 60 Prozent für geplante Aufgaben, 20 Prozent für Störungen und Zeitdiebe, 20 Prozent für soziale Kontakte.

Je besser Sie Ihren Tag einteilen und planen, desto effizienter können Sie ihn für Ihre eigenen Zielvorstellungen nutzen.

Planen Sie Ihren Tag nach der ALPEN-Methode

Ideale Tagesplanung mit der ALPEN-Methode

Die ALPEN-Methode bietet Ihnen eine ideale Hilfestellung für Ihre täglichen zehn Minuten Planung.

■ *Alle Aufgaben notieren,* auch scheinbare Routineaufgaben und Kleinigkeiten. Denken Sie daran: Nur was Sie aufschreiben, hat auch die Chance, getan zu werden.

■ *Länge der Aktivitäten schätzen:* Die meisten Menschen nehmen sich mehr vor, als sie erreichen können. Das frustriert. Kalkulieren Sie Ihren Zeitaufwand großzügig. Weniger ist mehr.

■ *Pufferzeiten einplanen:* Planen Sie genügend Zeit für Unvorhergesehens und Pausen ein. Freuen Sie sich lieber über den Zeitgewinn, wenn Sie Störungen und Co. eliminieren konnten.

■ *Entscheidungen treffen* über Prioritäten, Kürzungen, Delegation. In diesen Punkt Zeit zu investieren, bringt Ihnen den größten Nutzen.

■ *Nachkontrolle:* Gewöhnen Sie sich an, Ihr Tagesergebnis zu überprüfen und zu übertragen. So manches, was mehrmals übertragen wird, ist nicht wirklich wichtig oder dringend und erledigt sich daher auch von selbst.

Bei Ihrer Tagesplanung sollten Sie im Einzelnen so vorgehen:

■ Geplante und periodisch wiederkehrende Termine: Tragen Sie alle festen Termine in Ihren Tagesplan ein.

Geplante und feste Termine

■ Unerledigtes vom Vortag: Wichtige Dinge, die Sie am Vortag nicht erledigen konnten, sollten Sie nicht unter den Tisch fallen lassen.

Unerledigtes

■ Telefonate, Gespräche und Korrespondenz: Reservieren Sie genügend Zeit für Telefonate, andere anstehende Gespräche mit Kollegen, Kunden und Vorgesetzten sowie für Ihre Korrespondenz (Stichwort: E-Mail-Flut). Gerade für diesen Bereich wird häufig zu wenig Zeit angesetzt.

Kommunikation

■ Zeit für Neues und Unerwartetes: Ganz entscheidend für einen harmonischen, ausgeglichenen Arbeitstag ist, dass Sie genügend Zeit für Störungen, aktuell auftretende Probleme und Aufgaben, aber auch für nicht vermeidbare Zeitdiebe und vor allem soziale Aktivitäten einplanen. Ansonsten programmieren Sie Zeitdruck und Unzufriedenheit.

Unvorhergesehenes

■ Planen Sie vergleichbare Aktivitäten in Blöcken, denen Sie grobe Zeitstrukturen geben. Beispielsweise das Lesen und Beantworten neu eingegangener E-Mails oder Faxe, terminierte Telefonate oder anstehende Korrespondenz mit Ihren Geschäftspartnern. Bleiben Sie aber unbedingt flexibel.

Blöcke bilden

■ Stellen Sie Ihre Prioritäten konsequent in den Mittelpunkt. Fragen Sie sich bei jedem neuen Arbeitsvorgang: *Was ist wirklich wesentlich?* Was würde passieren, wenn ich das jetzt nicht erledige?

Prioritäten zuerst

Pausen einplanen ■ Planen Sie jeweils nach eineinhalb Stunden eine kleine Entspannungspause ein. Auf diese Weise richten Sie sich nach Ihrem natürlichen Rhythmus.

Spaß fördert Ihre Leistungsfähigkeit

Damit Sie bei all Ihren ernsten, wichtigen und dringenden Aufgaben nicht die *Freude am Tag* verlieren, sollten Sie sich täglich auch auf die positiven Seiten des Lebens konzentrieren. Leider hat es sich, gerade bei uns in Deutschland, durchgesetzt, Arbeit mit Ernsthaftigkeit und griesgrämigem Gesicht zu verbinden. Wer zu viel lacht, kann ja wohl unmöglich ernsthaft bei der Sache sein. Dem ist nicht so. *Lachen hält gesund* und macht kreativ. Durch die Muskelbewegungen beim Lachen werden *Endorphine* freigesetzt, unsere *Glückshormone* (übrigens passiert das Gleiche bei körperlicher Betätigung).

Etablieren Sie Ihre täglichen Glücksgewohnheiten

Tägliche Bewegung ■ Planen Sie jeden Tag 20 bis 30 Minuten körperlicher Betätigung ein. Egal, wie voll Ihr Tag ist, Zeit für Bewegung muss sein. Es reicht nicht, dass Sie „den ganzen Tag im Büro herumrennen". Wir Menschen sind zur Bewegung geboren. „Keine Zeit" ist dabei kein Argument, oder wollen Sie ernsthaft behaupten, Ihr Terminkalender sei voller als der von Joschka Fischer?

Täglich das Gehirn füttern ■ Halten Sie Ihren Geist und Verstand auf Trab. Neben der intellektuellen Anregung im Beruf, sollten Sie täglich zehn Minuten mit anregender Lektüre verbringen oder ein Gespräch mit einem Freund führen. Zeit dafür finden Sie, indem Sie die sanfte Berieselung durchs Fernsehen kürzen.

■ **Suchen Sie täglich spirituelle und künstlerische Anregung.** Vom Theaterbesuch über das Hören guter Musik, das stille Betrachten der Natur (mancher bekommt nicht einmal die Jahreszeitenfolge mit, weil er im klimatisierten Büro gar nicht damit in Berührung kommt) bis hin zu Meditation gibt es unendlich viele Wege, sich täglich einmal kurz vom schnöden Alltag zu verabschieden.

Täglich künstlerische, spirituelle Betätigung

■ **Machen Sie täglich anderen eine Freude.** Es sind die *Kleinigkeiten,* die wichtig sind – ein paar freundliche Worte wechseln, der Kollegin die Tür aufhalten, der eigenen Partnerin ein Kompliment machen, eine Münze in eine abgelaufene Parkuhr stecken oder einer gestressten Mutter mit quengeligem Kind in der Kassen-Schlange den Vortritt lassen. Es gibt so viele kleine Dinge, die das Leben verschönern – sowohl das eigene als auch das der anderen. *Und wenn Sie geben, werden Sie auch etwas zurückbekommen.* Dieses System funktioniert, probieren Sie es aus.

Täglich anderen eine Freude machen

■ **Erstellen Sie Ihre persönliche Wohltu-Liste.** Was möchten Sie sich persönlich einmal gönnen? Erstellen Sie eine geheime Liste und arbeiten Sie sie ab heute ab.

Täglich sich selbst eine Freude machen

5.4 Das tägliche Erfolgsjournal

Sie wissen, wie viel Disziplin es kostet, seine Ziele konsequent zu verfolgen. Sie können sich Ihren *täglichen Motivationsschub* dafür selbst verschaffen. Gewöhnen Sie sich an, ein *tägliches Erfolgsjournal* zu führen. Notieren Sie darin jeden Erfolg, auch den kleinsten. Sie wissen ja, nur das, was Sie aufgeschrieben haben, wird Ihr *Unterbewusstsein* auch verarbeiten. Neben der hervorragend motivierenden Wirkung gehen Sie damit auch eine *Verpflich-*

Erfolge aufschreiben – Ihr täglicher Motivations-Turbo

tung ein: Sie fühlen sich Ihren Vorsätzen und Zielen stärker verbunden und werden sich wesentlich intensiver darauf konzentrieren. Schließlich wollen Sie in der Stunde der Wahrheit nicht vor sich selbst das Gesicht verlieren.

Wie Sie Ihre Erfolge notieren

Gut geeignet für Ihr *Erfolgsjournal* ist Ihr Zeitplanbuch. Tragen Sie einfach am oberen oder unteren Ende der Tagesspalte den „Stand der Dinge" ein. Nachfolgende Checkliste, die Sie zum Beispiel kopieren und in Ihr *Zeitplanbuch* einheften können, soll Ihnen dazu konkrete Anregungen geben:

Mein tägliches Erfolgsjournal

- *Welche Teilziele habe ich heute erreicht?*
- *Was habe ich aus dem heutigen Tag gelernt?*
- *Was kann ich morgen besser machen?*
- *Welche Aktivitäten haben nur Zeit gekostet, aber nichts gebracht?*
- *Was kann ich mir als Belohnung Gutes tun?*

2. Teil

**Tipps für Ihre
Work-Life-Balance**

6. Lebensbereich „Leistung/Arbeit"

> „Wer bedauert auf dem Sterbebett, dass er nicht mehr Zeit im Büro verbracht hat?"
>
> Stephen R. Covey

6.1 Experten-Interview: Manfred Lautenschläger, MLP AG für den Lebensbereich Leistung

Herr Lautenschläger, wie viel Ihrer persönlichen Zeit investieren Sie täglich für Ihr Unternehmen?

Heute als Aufsichtsratsvorsitzender im Durchschnitt fünf Stunden, früher als aktiver Vorstandsvorsitzender ca. zehn Stunden.

Wie schaffen Sie es, Berufs- und Privatleben unter einen Hut zu bringen?

Der Beruf darf nicht das Privatleben dominieren

Indem ich das Berufsleben zu keiner Zeit das Privatleben total dominieren lasse. Immerhin habe ich fünf Kinder in die Welt gesetzt, die einen Vater und nicht einen guten Onkel haben sollten. Allerdings konnte ich dieses Prinzip zu meiner aktiven Zeit auch besser realisieren, als dies heute bei einem DAX-Unternehmen der Fall wäre.

Welche Planungsmittel (Kalender, Wochenplaner, Zeitplanbuch, Palm o. ä.) oder anderen Instrumente benutzen Sie, oder „lassen Sie planen"?

Mir genügen immer noch Terminkalender aus Papier. Ich habe einen Wochenplaner.

Was ist für Sie ein positiver Ausgleich zu Ihrem anstrengenden Job?

Ein Job, der Spaß macht, strengt nicht an

Zum einen war mein Job für mich in den allerseltensten Fällen anstrengend, weil er mir mehr als 30 Jahre lang immer Spaß machte und ich mich seinen Anforderungen auch immer gewachsen fühlte. Ausgleich zum Job war für mich einmal ein harmonisches Familienleben mit meiner Frau und meinen Kindern, wunderschöne Urlaube im Süden und der Sport. Ich bin begeisterter Rennradfahrer, Skiläufer und Tennisspieler.

Inwieweit ist das Thema „Balance der Lebensbereiche" für Sie persönlich von Bedeutung?

Ich glaube, dass ich diese Frage mit der vorhergehenden Frage bereits beantwortet habe. Der Ausgleich zwischen Berufs- und Privatleben war für mich immer sehr wichtig. Wenn ich eine Gruppe von neuen Mitarbeitern bei MLP begrüße, pflege ich es in einem Satz zusammenzufassen: „Wenn Sie erreichen, was ich erreicht habe, nämlich um 7 Uhr aufzustehen und abends zwischen 23 und 24 Uhr ins Bett zu gehen und dazwischen 16 glückliche Stunden zu leben, gleichgültig, wie Sie sie verbracht haben, dann haben Sie es erreicht."

Wer es schafft, jede Stunde glücklich zu sein, hat es erreicht

Was sind Ihre Erfolgsprinzipien oder Erfolgsgeheimnisse?

Siehe Frage 4. Daneben glaube ich, über die Fähigkeit zu verfügen, teilen zu können, das heißt, nicht alles an meine Person zu binden, sondern Mitarbeiter selbständig arbeiten und ihren Erfolg genießen zu lassen. Auch die Beteiligung erfolgreicher Mitarbeiter am Unternehmen war mir immer eine Herzensangelegenheit.

Erfolg heißt, mit anderen teilen können

Was tun Sie selbst oder empfehlen Sie, um die eigene Selbstdisziplin zu steigern?

Sich auf das konzentrieren, was gerade zu erledigen ist. In der Freizeit nicht so sehr ausschweifen, aber durchaus die angenehmen Seiten des Lebens, wie zwei bis drei Gläser schönen Wein, genießen.

Auf das Jetzt konzentrieren

Worauf möchten Sie am Ende Ihres Lebens einmal zurückblicken (Vision, Vermächtnis, Lebensziel o. ä.)?

Dass ich ein Unternehmen gegründet habe, das sich sei-

93

nen Platz unter den großen deutschen Unternehmen errungen hat, und dass ich meinen Kindern fürs Leben so viel mitgegeben habe, dass jedes auf seine Weise und an der Stelle, die es sich ausgesucht hat, glücklich und zufrieden ist.

Buchtipp von Manfred Lautenschläger

■ Raymond Chandler: *Der lange Abschied*. Zürich: Diogenes-Verlag.
„Ein Krimi, den ich in die Weltliteratur einordne.“

Buch zum Thema

■ Lautenschläger, Manfred: *Mythos MLP*. Erfolgsgeschichten eines Finanzdienstleisters. Frankfurt: Campus, 1996.

Kurzvita

Manfred Lautenschläger, geboren am 15. Dezember 1938 in Karlsruhe, studierte Rechtswissenschaften in Heidelberg, Freiburg und Hamburg. 1968 legte er das zweite Staatsexamen ab. Nach anschließender kurzer Tätigkeit als Rechtsanwalt gründete er am 1. Januar 1971 zusammen mit Eicke Marschollek die „Marschollek, Lautenschläger und Partner KG“, die später in eine GmbH und 1984 in eine Aktiengesellschaft umgewandelt wurde.

Manfred Lautenschläger war von 1984 bis 1993 Vorstandsvorsitzender der Marschollek, Lautenschläger und Partner AG und von 1993 bis 1999 der neu gegründeten MLP Holding AG.

Am 19. Mai 1999 wechselte er in den Aufsichtsrat der Gesellschaft und übernahme dort den Vorsitz.

Am 10. November 1998 wurde ihm die Ehrensenatorwürde der Ruprecht-Karls-Universität in Heidelberg verliehen.

6.2 Vorsicht: Das Zeitkonto schrumpft!

Sie verbringen im Leistungsbereich – vorausgesetzt, Sie sind berufstätig – etwa die *Hälfte Ihrer „wachen" Zeit*. Nicht immer wird sie effektiv genutzt, wie die nachfolgenden Beispiele zeigen.

Als Führungskraft oder Mitarbeiter/in verbringen Sie durchschnittlich 60 Prozent Ihrer beruflich genutzten Zeit mit Kommunikation (die meisten Manager sogar 90 Prozent).

Zeitkiller Kommunikation

■ *Schlecht vorbereitete und durchgeführte Besprechungen* erfordern nach einschlägigen Untersuchungen Zeitzuschläge von bis zu 80 Prozent!

■ *Unvorbereitete Telefonate* dauern nach einer kanadischen Studie durchschnittlich fünf Minuten länger als vorbereitete. Bei nur zwölf Telefongesprächen pro Tag können Sie bei minimaler Vorbereitung täglich eine ganze Stunde gewinnen.

Schwach ausgebildete Selbstdisziplin und mangelnde Konsequenz sind ein weit verbreiteter Zeitdieb im Büro:

Zeitkiller Disziplin

■ Zeitverluste bis zu 30 Prozent treten auf, wenn Arbeiten entweder vor sich hergeschoben oder aber angefangen, jedoch nicht abgeschlossen werden.

Störungen knabbern weiter an unserem Zeit-Konto:

Zeitkiller Störungen

■ Durchschnittlich dauert es nur acht Minuten, bis Führungskräfte durch Störungen (erneut) von der Arbeit abgehalten werden.

Ein schlechtes Ablagesystem oder eine chaotische Schreibtischorganisation kosten weitere wertvolle Zeit:

Zeitkiller Ablage

95

- Durchschnittlich dauert es bei mangelnder Ablage zehnmal länger, etwas wieder zu finden.

- Voll-Tischler mit unübersichtlicher Schreibtischordnung verbringen deutlich mehr Zeit damit, Informationen wieder zu finden als Leer-Tischler mit einfacher, aber wirkungsvoller Schreibtisch-Systematik.

Zeitkiller Papierflut In unserer Informationsgesellschaft drohen wir an der Papierflut zu ersticken:

- Rund 50 Prozent der umlaufenden betrieblichen Informationen sind nach verschiedenen betriebsintern durchgeführten Untersuchungen überflüssig.

Passen Sie nicht auf, werden diese *Zeitfresser* übermächtig und ziehen Ihnen Ihre wertvolle Energie ab. Dann überrascht es nicht, wenn Sie abends erledigt nach Hause gehen, ohne das Gefühl, etwas geschafft zu haben.

6.3 Engpässe ausräumen

Testen Sie Ihre Zeitdisziplin **Kurztest: Identifizieren Sie Ihre Zeitprobleme im Bereich Leistung/Arbeit mit diesem Selbsttest:**

1. *Besprechungen* dauern relativ kurz, die Ergebnisse sind relativ gut greifbar.
   A ❑ fast immer
   B ❑ häufig
   C ❑ fast nie

2. *Telefonate* bereite ich effizient vor.
   A ❑ fast immer
   B ❑ häufig
   C ❑ fast nie

3. *Delegation* klappt in der Regel richtig – andere erledigen Dinge, die ich nicht unbedingt tun muss.
   A ❏ fast immer
   B ❏ häufig
   C ❏ fast nie

4. Für die *Planung* der nächsten Tage nehme ich mir ausreichend Zeit.
   A ❏ fast immer
   B ❏ häufig
   C ❏ fast nie

5. Ich setze klare *Prioritäten* und halte diese auch ein.
   A ❏ fast immer
   B ❏ häufig
   C ❏ fast nie

6. Ich *schiebe unangenehme* oder schwierige Dinge nicht auf, sondern erledige diese zu festen Terminen.
   A ❏ fast immer
   B ❏ häufig
   C ❏ fast nie

7. *Störungen* habe ich so im Griff, dass der Abschluss meiner anderen Arbeiten nicht verzögert wird.
   A ❏ fast immer
   B ❏ häufig
   C ❏ fast nie

8. Übersicht und *Ordnung* auf meinem Schreibtisch sind vorbildlich
   A ❏ fast immer
   B ❏ häufig
   C ❏ fast nie

9. Die tägliche *Papierflut* beherrsche ich, statt von ihr beherrscht zu werden.
   A ❑ fast immer
   B ❑ häufig
   C ❑ fast nie

10. Ich bringe genügend *Selbstdisziplin* auf, meine geplanten Aktivitäten auch konsequent zu erledigen.
    A ❑ fast immer
    B ❑ häufig
    C ❑ fast nie

Auswertung:
Sie erhalten für jede
A-Antwort: 1 Punkt
B-Antwort: 0,5 Punkte
C-Antwort: 0 Punkte
Mein Gesamtwert: _____ Punkte

Ergebnis:

8 bis 10 Punkte:
Ihr Zeitmanagement im Bereich Leistung/Arbeit ist vorbildlich!

4 bis 7 Punkte:
Sie versuchen im Leistungsbereich Ihre Zeit in den Griff zu bekommen – sind aber nicht konsequent genug.

0 bis 3 Punkte:
Durch ganzheitliches Zeitmanagement werden Sie viel Zeit gewinnen.

6.4 Jetzt geht's los

Checkliste „Leistung": Arbeits- und Zeitplantechniken auf einen Blick:

1. Besprechungen

   ■ Legen Sie Besprechungspunkte, Anfang und Ende des Meetings fest und teilen Sie es den Teilnehmern mit.

   ■ Beschränken Sie zu verteilende Unterlagen auf absolut Notwendiges.

   ■ Fangen Sie pünktlich an und hören Sie pünktlich auf.

   ■ Halten Sie während der gesamten Besprechung für alle sichtbar fest, welche Besprechungspunkte wie lange behandelt werden sollen und welche Maßnahmen von wem bis wann erledigt werden sollen.

   Checkliste Besprechungen

2. Telefon

   ■ Überlegen Sie sich, warum Sie anrufen wollen, wann Sie Ihren Gesprächspartner am besten antreffen werden und welche Unterlagen Sie für Ihr Gespräch brauchen.

   ■ Geben Sie den Grund Ihres Anrufs an.

   ■ Geben Sie bei Rückfragen an, wann Sie erreichbar sind.

   Checkliste Telefon

3. Delegation

   ■ Teilen Sie Ihrem Mitarbeiter das „Warum" (Ziel), „Was" (Aufgabe), „Wie" (Art der Ausführung) und „Bis wann" (Termin) mit.

   ■ Halten Sie die Vereinbarung in Ihrem Zeitplanbuch fest.

   Checkliste Delegation

4. Tagesplanung

   ■ Schließen Sie Ihre Arbeit mit der Planung des nächsten Tages ab.

   Checkliste Tagesplan

- Verplanen Sie maximal 50 Prozent der verfügbaren Zeit.
- Bestimmen Sie den Zeitbedarf für alle Aufgaben, und überprüfen Sie, was Sie delegieren können.

Checkliste Prioritäten

5. Prioritäten

- Legen Sie bei der Tagesplanung die Rangfolge der zu bearbeitenden Aufgaben fest.
- Beginnen Sie am nächsten Tag mit Aufgabe „1", schließen Sie diese ab, fangen Sie danach mit „2" an, schließen Sie diese ab usw.

Checkliste Aufschieberitis

6. Aufschieberitis

- Legen Sie eine Liste mit allen unerledigten Aufgaben an.
- Vergeben Sie dafür entsprechende Erledigungstermine.
- Versichern Sie sich – bei schwierigen Aufgaben – der moralischen Unterstützung anderer.

Checkliste Störungen

7. Störungen

- Schützen Sie sich bei wichtigen Aufgaben und Terminen vor Störungen („Stille Stunde").
- Stimmen Sie mit anderen „stille Zeiten" am Arbeitsplatz ab, in denen Sie sich nicht gegenseitig stören.

Checkliste Schreibtisch

8. Schreibtisch

- Legen Sie einen „Sofort-Korb" für heute unbedingt zu Erledigendes, einen „Pultordner" für die Wiedervorlage, einen „Lesen"-Korb für Infomaterial an.
- Werfen Sie so viel wie möglich nach dem Lesen in den Papierkorb.

Checkliste Papierflut

9. Papierflut

- Markieren Sie Wichtiges farbig, um nochmaliges Lesen zu erleichtern.
- Leiten Sie Informationen für andere sofort weiter.

10. Selbstdisziplin

■ Beginnen Sie erst dann eine neue Tätigkeit, wenn Sie eine Aufgabe komplett erledigt haben.

■ Besinnen Sie sich immer wieder auf Ihre Ziele und arbeiten Sie konsequent an deren Realisierung.

Aktion: Was setze ich um?

Nehmen Sie sich einige Momente Zeit, Ihre Vereinbarungen mit sich selbst zu stärken. Halten Sie schriftlich fest, was Sie konkret tun werden.

Was Sie sofort umsetzen

1. Welche *Veränderungen* werden Sie ab jetzt konkret vornehmen? (Beispiel: Abends Tagesplanung vornehmen)

   _____

   _____

2. Was werden Sie tun, um für diese Maßnahmen *Zeit* zu schaffen? (Beispiel: Aufgabe X an Herrn Y delegieren)

   _____

   _____

3. Welche inneren und/oder äußeren *Widerstände* könnten Sie daran hindern, die Maßnahmen umzusetzen? (Beispiel: Trägheit, Müdigkeit, Termindruck)

   _____

   _____

4. Wie *unterstützen* Sie sich, es dennoch zu tun? (Beispiel: Termin mit Sekretärin für gemeinsame Tagesplanung vereinbaren)

   _____

   _____

5. Wann werden Sie den *ersten Schritt* tun? (Beispiel: heute Abend)

_____

_____

7. Lebensbereich Körper

„Ob etwas Gift oder Heilmittel ist, bestimmt allein die Dosis."

Hippokrates

7.1 Experten-Interview mit Dr. med. Ulrich Strunz, dem Fitnesspapst

Fitness bedeutet Energie

Herr Doktor Strunz, warum ist körperliche Fitness so wichtig?
Körperliche Fitness ist ein überraschend leichter und angenehmer Weg zu mehr *Lebensfreude* und mehr täglicher *Lebensenergie*.

Fitness erhöht Ihre Stresstoleranz

Warum erleichtert körperliche Fitness den Alltag?
Körperliche Fitness gibt Ihnen bereits *am frühen Morgen* den nötigen Kick, lässt Sie mit Leichtigkeit und Ausdauer Ihren Arbeits-Alltag überstehen und erhöht insbesondere Ihre Stresstoleranz. Sie erleben *souveräne Leichtigkeit*.

Erhöhte Sauerstoffzufuhr schafft Leistung

Wie werden Energiequellen optimal freigesetzt?
Leistung wird im körperlichen Bereich maximiert durch erhöhte Sauerstoffzufuhr, also durch Bewegung beim richtigen Puls, und durch optimale Zufuhr der nötigen essenziellen Vitalstoffe. Hierzu ist Wissen nötig. Ein guter Anfang wird gemacht mit täglich 30 Minuten Leichtlauf, deutlich mehr Obst und zwei Esslöffel Olivenöl täglich. Leistung im mentalen Bereich wird erreicht durch Beherrschung, das heißt Absenken der zwei Stresshormone Adrenalin und Cortisol durch spezielle Atem- und Meditationstechniken. Dieses Wissen gehörte früher auch im Westen zum Alltag. Der Osten ist uns heute hier weit voraus.

Müssen Menschen, die körperlich fit sein wollen, Sportskanonen sein?

Sport ist Mord. Körperliche Fitness erreicht man auf Dauer durch *„unterschwelligen"* Sport, also Bewegung im Sauerstoffüberschuss sowie gelegentliches Krafttraining zu Hause.

Auch beim Sport ist weniger mehr

Welche Ratschläge geben Sie den Menschen, die einen Ausgleich zu ihrer täglichen Arbeit suchen?

Ein Landwirt mit elfstündiger körperlicher Arbeit braucht in der Regel keinen Ausgleich. Nur wir sitzenden, stressgeplagten Büromenschen sollten loslaufen. Die wirkungsvollsten zwei Ratschläge sind auf den Punkt gebracht: Bewege Deine Beine *täglich 30 Minuten*. Aber langsam. Übe Dich immer wieder im Ausatmen und Schulternfallenlassen.

Täglich 30 Minuten langsam laufen ist Ihre Lebensversicherung

Warum ist für Sie das Laufen das Nonplusultra der Fitness?

Laufen kann jeder. Fürs Laufen brauchen Sie außer ein paar guten Laufschuhen keine Geräte, und laufen können Sie fast überall. Aus gutem Grund sind wir mit zwei Beinen und nicht mit einem Fahrrad geboren. Und denken Sie an Ihre Seele: Die hat Ihr kindliches Jauchzen gespeichert, damals mit vier Jahren, als Sie den ganzen Tag herumgehüpft sind. *Lebensfreude und Bewegung der Beine gehören zusammen.* Ihre Seele weiß das.

Laufen ist unser angeborenes Energie- und Spaßreservoire

Vom Wollen zum Tun: Wie geht das?

Tun geht einfach: *Tun Sie´s jetzt.* Jetzt. Ziehen Sie die Schuhe aus, laufen Sie drei Minuten durch die Wohnung. Sind Sie stolz auf sich. Und morgen vier Minuten. Am nächsten Tag fünf Minuten. Bei zehn Minuten wird es Sie nach draußen tragen... und Sie haben's geschafft.

Einfach loslaufen ohne darüber nachzudenken

Kurzvita

Dr. Strunz lebt,
was er predigt. Nur
deshalb überzeugt
er Millionen von
Menschen

Dr. med. Ulrich Strunz begann mit 45 Jahren als sportlicher Anfänger zu laufen. Heute gehört er in seiner Altersklasse zur Weltspitze der Ultra-Triathleten. Er entwickelte das *Forever Young-Programm* für geistige und körperliche Höchstleistung – und beweist dessen Erfolg täglich an sich selbst.

Es gibt Menschen, deren Tag scheinbar 30 Stunden hat. Man fragt sich, wie sie ihre ungeheure Arbeitsflut bewältigen. Ihr Geheimnis: Sie haben ein bewussteres Verhältnis zur Zeit als andere. Ein solcher Mensch ist Dr. Ulrich Strunz. Täglich leitet er seine große internistische Fachpraxis, abends hält er Vorträge, an den Wochenenden hält er seine Seminare zu Kreativität und Höchstleistung. Er ist Bestsellerautor – mit über 1,5 Mio verkauften Exemplaren in zwei Jahren. Außerdem trainiert er regelmäßig, um jährlich an Ultra-Triathlon-Wettkämpfen teilzunehmen. Zudem musiziert er täglich mit seinen Kindern und verbringt mindestens eine Stunde pro Tag im Gespräch mit seiner Ehefrau. Nebenbei erhält er täglich mehr als 120 Faxe ratsuchender Menschen, die er selbstverständlich beantwortet.

Dr. Strunz ist nicht Superman. Doch er hat für sich das Geheimnis eines erfüllten Lebens entdeckt:
Tägliches Laufen im Sauerstoffüberschuss, kombiniert mit optimaler Ernährung und mentalem Training.

Buchtipp von Dr. Ulrich Strunz

■ Grillparzer, Marion: *Fatburner*. So einfach schmilzt das Fett weg. München: Gräfe und Unzer, 2000.

Buch zum Thema

■ Strunz, Ulrich: *Forever Young*. Das Erfolgsprogramm. München: Gräfe und Unzer, 1999.

KAPITEL 7

7.2 Vorbeugen ist besser als Nachsorgen

In keinem anderen Lebensbereich boomen die Kosten so stark wie im Gesundheitswesen. Sozialwissenschaftler befürchten, dass die Krankheitskosten in Deutschland in wenigen Jahren die Höhe des gesamten Bruttosozialproduktes erreicht haben werden.

Wer also seinen Weg zu einer *gesunden Lebensführung* gehen will, darf nur wenig Unterstützung von außen erwarten. Auch wenn die Krankenkassen, insbesondere im Präventivbereich, Hilfe zur Selbsthilfe anbieten, wird der wesentliche Motor zur erfolgreichen Gesundheit der Einzelne selbst bleiben.

Vorbeugen ist besser als behandelt werden:

- Mit nur wenigen Minuten pro Tag können Sie viel für Ihre Gesundheit tun. Wir verfügen heute über mehr Freizeit, als unsere Vorfahren in ihren kühnsten Träumen anzunehmen wagten.

- Vorbeugende Maßnahmen (Prävention) sind nicht nur weniger zeitintensiv, sondern auch weitaus billiger als teure Krankenbehandlung.

- Gesund werden oder bleiben kann Freude machen – dafür sorgt ein überaus reiches Angebot an Maßnahmen für jeden Geschmack.

Investieren Sie in Ihre Gesundheitsvorsorge

Nach Untersuchungen von *Dr. Peseschkian* und seinen Mitarbeitern steht Erkrankung oft erst am Ende eines sich über fünf Stufen schleichend entwickelnden Prozesses:

Fünf Stufen zur Krankheit

1. Stufe: Nervosität und Gereiztheit
2. Stufe: Angst

3. Stufe: Aggression/Depression
4. Stufe: Funktionale Störungen
5. Stufe: Organerkrankungen

Oft werden die Vorwarnungen bis zum Ausbruch einer Krankheit übersehen oder verdrängt. Schließlich bleibt dem Körper nur noch die Holzhammer-Methode: Er weigert sich, weiter gute Miene zum bösen Spiel zu machen – wir werden krank.

7.3 Welche Engpässe habe ich?

Kurztest: Gesundheit

Testen Sie Ihr Gesundheits-bewusstsein

 Bitte beantworten Sie alle Fragen ehrlich; der Einzige, der sonst beim Schummeln überlistet wird, sind Sie selbst!

Zeit für Frühstück

1. Haben Sie sich gestern Zeit für Ihr *Frühstück* genommen (mindestens 15 Minuten)?
    A ❏ ja
    B ❏ ausnahmsweise nein
    C ❏ nein

Zeit zum Kauen

2. *Kauen* Sie mindestens 30 Mal, bevor Sie einen Bissen hinunterschlucken?
    A ❏ ja
    B ❏ manchmal
    C ❏ nein

Zu viel TV

3. Wie oft haben Sie während der letzten Woche mehrere *Fernsehsendungen* hintereinander gesehen?
    A ❏ an max. drei Tagen
    B ❏ an drei bis fünf Tagen
    C ❏ an über fünf Tagen

4. Treiben Sie regelmäßig *Sport?* **Sport**
   A ❏ ja
   B ❏ manchmal
   C ❏ nein

5. Reservieren Sie sich regelmäßig Zeit für „*aktive Ruhe*" **Entspannung**
   (Entspannungsübungen, Spaziergänge, Hobbys etc.)?
   A ❏ ja
   B ❏ manchmal
   C ❏ nein

6. Können Sie schnell und ohne Hilfsmittel (Fernsehen, **Drogen**
   Alkohol usw.) *entspannen?*
   A ❏ ja
   B ❏ manchmal
   C ❏ nein

7. Bekommen Sie ausreichend *Schlaf?* **Schlaf**
   A ❏ fast immer
   B ❏ manchmal
   C ❏ nie

8. Sind Sie bei Ihren derzeitigen Lebensumständen auf **Tabletten**
   Pharmazeutika (z. B. Kreislaufmittel, Kopfschmerzta-
   bletten) angewiesen?
   A ❏ fast nie
   B ❏ manchmal
   C ❏ überwiegend täglich

9. Wie *bewegungsintensiv* ist Ihr Beruf? **Bewegung im Job**
   A ❏ bewegungsintensiv
   B ❏ gelegentliche Bewegung
   C ❏ überwiegend sitzend

Vorsorge-Checks 10. Lassen Sie sich regelmäßig (mindestens einmal jähr-
lich) *ärztlich untersuchen* (Generaluntersuchung)?
A ❑ ja
B ❑ manchmal
C ❑ nein

Auswertung:
Sie erhalten für jede
A-Antwort 1 Punkt
B-Antwort 0,5 Punkte
C-Antwort 0 Punkte
Mein Gesamtwert: _____ Punkte

Ergebnis:

8 bis 10 Punkte: Sie nehmen sich ausreichend Zeit für
Ihre Gesundheit. Trotzdem: Nicht leichtsinnig werden.
Beachten Sie die nachfolgenden Anregungen. Stärken Sie
Ihre Gesundheit noch mehr.

4 bis 7 Punkte: Sie wissen um die Bedeutung guter
Ernährung, regelmäßiger Bewegung und Entspannung,
nehmen sich aber zu wenig Zeit dafür. Lassen Sie sich
durch die folgenden Tipps zu mehr Aktivität anregen.

0 bis 3 Punkte: Sie sind – zumindest laut Testergebnis –
prädestiniert für gesundheitliche Probleme. Lassen Sie
sich gründlich von einem Arzt untersuchen und gesund-
heitlich beraten.

7.4 Jetzt geht's los

Es ist nicht schwer, gesund zu leben. Wichtig, sowohl
beim Sport als auch bei der ausgewogenen Ernährung, ist
die *Regelmäßigkeit.* Mit Hauruck-Aktionen erreichen Sie
gar nichts. Sport nur im Urlaub oder gar Diäten bringen
Ihnen nichts bzw. Sie erreichen das Gegenteil Ihrer beab-
sichtigten Wirkung. Folgende Checkliste für Ihre Gesundheit sollten Sie in Ihre Planung integrieren. Nur so
schaffen Sie es, sich Ihren gesunden Körper zu bewahren.

**Work-Life-Balance
heißt gesunde
Lebensweise**

Checkliste Gesundheit:

■ Gesundheitsüberprüfung

Nehmen Sie sich mindestens *einmal im Jahr* Zeit für
eine gründliche ärztliche Untersuchung. Schieben Sie
Ihren Arztbesuch nicht auf.

**Regelmäßiger
Gesundheitscheck**

■ Körperpflege

Nehmen Sie sich morgens Zeit für eine *Wechseldusche*
(warm-kalt), um Ihren Kreislauf zu stärken und sich
für den Tag fit zu machen. Bürsten Sie Ihre Haut
danach, um für eine gute Durchblutung zu sorgen.

**Ausgedehnte
Körperpflege**

■ Bewegung

Wählen Sie eine Sportart aus, die Ihnen Freude macht,
und führen Sie sie regelmäßig aus. Vermerken Sie in
Ihrem *Tagesplan* Ihre Trimmzeiten und suchen Sie sich
Partner, die Sie bei der Ausführung unterstützen
(Familie, Freunde, Hund).

**Tägliche
Bewegung**

■ Entspannung

Nehmen Sie sich nach der Arbeit und vor anderen Tätigkeiten 20 Minuten Zeit zum Abschalten (Spaziergang, Sport, Meditation etc.). Reduzieren Sie den Ta-
gesstress durch *aktive Entspannung,* Hobbys etc.

Täglich entspannen

■ Körperkontakt

Tägliche Streicheleinheiten

Nutzen Sie die angenehmen Möglichkeiten der *Partnermassage*. Geben und nehmen Sie Streicheleinheiten, wann immer Sie können. Nehmen Sie sich Zeit für Zärtlichkeiten und Sex. Ihr körperliches und seelisches Wohlbefinden steigert sich dadurch immens.

■ Ernährung

Bewusste Ernährung

Nehmen Sie sich Zeit für Ihre Mahlzeiten. Kauen und *genießen* Sie Ihr Essen. Achten Sie auf eine ausgewogene Ernährung (Rohkost, Obst, Vollwerternährung) und ausreichende Flüssigkeitsaufnahme (am besten zwei Liter Wasser pro Tag).

■ Schlaf

Ausreichend Schlaf

Sorgen Sie für ausreichend Schlaf (mindestens sieben Stunden). Ein täglicher *Mittagsschlaf* wirkt Wunder.

Was setze ich um?

Was Sie sofort umsetzen

Nehmen Sie sich einige Momente Zeit, Ihre Vereinbarungen mit sich selbst zu stärken. Halten Sie schriftlich fest, was Sie konkret tun werden.

1. Was werden Sie ab jetzt genau tun und zwar hinsichtlich:

■ Gesundheits-Check

_____

_____

■ Körperpflege

_____

_____

■ Körperkontakt

_____

_____

■ Ernährung

_____

_____

■ Schlaf

_____

_____

(Wählen Sie pro Tag mindestens eine Aktivität aus!)

2. Was werden Sie tun, um sich dafür *Zeit* zu schaffen?

_____

_____

_____

3. Welche inneren und/oder äußeren *Widerstände* könnten Sie abhalten, die gewonnene Zeit in Ihre Gesundheit zu investieren?

_____

_____

_____

4. Wie werden Sie sich *unterstützen,* es dennoch zu tun?

_____

_____

5. Wann genau *beginnen* Sie mit Ihrem persönlichen Gesundheitsprogramm?

_____

_____

_____

8. Lebensbereich Kontakt

8.1 Experten-Interview mit Dr. Stephan Lermer für den Bereich Beziehungen

Herr Doktor Lermer, warum ist ein privates Kontaktleben für beruflichen Erfolg so wichtig?

Für Ausgewogenheit zwischen Job, Partnerschaft und Ich sorgen (Work-Life-Balance)

Unter dem Motto „Papi gehört samstags uns" hecheln die meisten Manager zwischen dem beruflichen und dem familiären Bereich hin und her. Das Zuhause sollte allerdings nicht nur am Wochenende gepflegt werden. *Lassen Sie den Büroärger jeden Tag im Büro!* Wenn Sie nicht ohne weiteres abschalten können, empfehle ich Ihnen, doch nach der Arbeit erst einmal zu sich zu kommen. Das Hauptproblem vieler Menschen ist es, dass der *Ich-Bereich zu kurz kommt.* Doch auch dieser will gelebt werden. Aus den drei Bereichen Job, Partnerschaft und Ich können Sie Kraft tanken. Dadurch entsteht automatisch eine Erfolgsspirale.

Welche Faktoren zeichnen ein intaktes Privatleben aus?

Partnerschaft, Freunde und die Beschäftigung mit sich selbst pflegen

Zum einen eine *intakte Partnerschaft,* in der man sich austauscht und intellektuell ergänzt. Ganz sicher gehört zu einer funktionierenden Partnerschaft auch guter Sex. Eines sollten Sie sich in Bezug auf die Partnerschaft jedoch bewusst machen: Sie muss nicht rosig sein, sondern spannend. Ich selbst bin fallweise ein Vertreter der sequenziellen Monogamie, denn die Spielregeln vergangener Tage gelten heute zunehmend seltener. Auf die heutige Zeit übertragen sollte das Ehegelübde „bis dass der Tod Euch scheidet" vielmehr heißen „bis dass der Tod Eurer Liebe

Euch scheidet". Eine faire Trennung ist tausendmal besser
als ein verkrampftes Zusammenleben. Erfolgreiche Männer, wie Ferdinand Piëch, Joschka Fischer oder Gerhard
Schröder, die allesamt in vierter Ehe leben, beweisen dies.
Ebenso wichtig wie die Partnerschaft ist für ein intaktes
Privatleben der *Freundeskreis*, der zum Teil alleine, zum
Teil aber auch mit dem Partner gemeinsam gepflegt werden sollte. Als dritten Faktor halte ich *privates Selbstmanagement* für bedeutsam. Das kann zum Beispiel das
regelmäßige Schreiben eines Tagebuchs, Meditieren oder
Joggen sein.

**Menschen, die viel Zeit haben, können das sicherlich so
leben. Wie aber können diejenigen, die beruflich sehr
stark eingespannt sind, dafür sorgen, dass ihr Privatleben nicht zu kurz kommt?**
Warten, bis man Zeit hat, hilft in diesem Fall überhaupt
nicht. Jeder sollte sich für sein *Privatleben genügend Zeit*
„nehmen". Ich schlage vor, die Zeit für private Aktivitäten
im Terminkalender zu blocken und die Freizeit gut zu planen. Nehmen Sie sich einen halben oder noch besser einen
ganzen Tag pro Woche frei, der nur Ihnen gehört. Wer sich
diese Freiheitsgrade nimmt, kann sich vom Tagesgeschäft
verabschieden, um danach wieder in größeren Dimensio-
nen zu denken. Um sich mit seinen Freunden, Bekannten
und dem Partner regelmäßig auszutauschen, sollten auch
alle elektronischen Möglichkeiten genutzt werden. Vor
allem der Partner sollte an allen wichtigen emotionalen
Erlebnissen teilhaben. Dabei rate ich allerdings jedem,
Kleinkram wegzulassen.

Welche Freizeitaktivitäten halten Sie für wichtig?
Mit dem Partner sollte man Dinge unternehmen, die aus
der Routine herausragen und die *emotional* bewegen.
Gemeinsame Wochenendausflüge oder das Gehen auf den

Zeit für private Aktivitäten gezielt einplanen

Nicht alles mit dem Partner zusammen machen

117

Pfaden alter Erinnerungen sind nur zwei Beispiele dafür. Mit Freunden und Bekannten sollte man *gemeinsame Projekte* planen oder gemeinsam Sport treiben. Witzigerweise brauchen Männer immer ein Vehikel (häufig ein sportliches), über das sie sich treffen. Frauen dagegen treffen sich bewusst einfach zum Reden, z. B. im Café. *Frauen* kommunizieren also meistens *face-to-face*, wohingegen *Männer* sich meistens *side-by-side* unterhalten.

Was bedeutet Glück für Sie persönlich?

Definieren Sie Ihr persönliches Glück

Das größte Glück für mich war es, meine Tochter in den ersten Lebensjahren im Schlaf zu beobachten. Auf ihrem Gesicht spiegelte sich damals unsägliches Vertrauen wider. Das war ein nahezu überirdischer Ausdruck. Glück bedeuten für mich aber auch Gespräche mit meinen Freunden beim Segeln oder am Kamin. Auch meine vielen Reisen – alleine oder mit Partner -, auf denen ich immer wieder Neues entdecke, machen mich glücklich. Wichtig ist es für mich, unter dem Motto „*Carpe Horam*" aus jeder Stunde meines Lebens das meiste herauszuholen und spontan auch manchmal ein wenig verrückt zu sein. Letztlich bedeutet Glück für mich „*Freiheit ohne Angst*".

Eine Volksweisheit, die jeder kennt, lautet: „Jeder ist seines eigenen Glückes Schmied". Können Sie unseren Lesern ein paar Tipps geben, wie sie herausfinden, worin ihr Glück liegt?

Selbsterkenntnis bringt Sicherheit über die eigenen Wünsche und Visionen

Immer gut ist es, zu recherchieren, was sich bei anderen bewährt hat. Es lohnt sich, *Biographien zu lesen* oder zu schauen, was derzeit angesagt ist und wo die Leute hinströmen. Als Zweites sollten Sie sich fragen: „*Was will ich eigentlich?*" Will ich Sonne, Meer, Trubel, Einsamkeit? Vor dieser Frage steht doch jeder von Zeit zu Zeit. Gut ist es, sich in einem solchen Fall mit Freunden auszutauschen. Denn die wissen oft am besten, was zu einem passt. Als Drittes sollten

Sie sich die Frage stellen: *„Was bekommt mir überhaupt?"* Bei allem, was man tut, ist es wichtig, das richtige Maß zu finden und Unsicherheiten zu reduzieren. Ein wichtiger Schritt zur Beantwortung dieser Fragen ist das Thema *Selbsterkenntnis.* Diese kann mit Hilfe von Seminaren, Trainings, Gesprächen oder auch Tests gewonnen werden. Eine sehr gute Möglichkeit ist auch die Erinnerung an die Gymnasial- oder Studentenzeit. Diese kann Ihnen dabei helfen, sich über Ihre *Visionen* klar zu werden und diese zu realisieren. Dabei spielt es keine Rolle, wenn diese sich letztendlich als falsch herausstellen. Wer zum Beispiel schon immer einmal die Route 66 fahren wollte, sollte das einfach tun. Wenn es keinen Spaß gemacht hat, dann wissen Sie es wenigstens und träumen nicht länger davon.

Kurzvita

Dr. Stephan Lermer wurde 1949 in Garmisch-Partenkirchen geboren. Seit seiner Jugendzeit lebt er in München, wo er nach seinem Studium der Betriebswirtschaftslehre Anfang der 70er Jahre als Systemanalytiker erste Berufserfahrung bei der Siemens AG sammelte. In seinem anschließenden Psychologie- und Philsophie-Studium spezialisierte er sich auf die Gebiete Persönlichkeit, Motivation und Kommunikation. Seine Promotion über die nichtverbale Kommunikation schloss er „cum laude" ab. Nach einigen Jahren, in denen er in der Weiterbildungsforschung tätig war und verschiedene Lehraufträge an den Universitäten in Aachen, Ulm und Tübingen übernahm, gründete er 1977 das »Lermer-Institut« in München. Hier arbeitet er heute als Manager-Coach und Spezialist für „Future-Skills-Training".

Buch zum Thema

■ Lermer, Stephan: *Liebe und Angst.* Die sieben Entscheidungen für eine erfüllte Partnerschaft. München: mvg-Verlag, 1994.

Buchtipps von Stephan Lermer

■ Ohoven, Mario: *Die Magie des Power-Selling*. Die Erfolgsstrategie für erfolgreiches Verkaufen. Landsberg/Lech: Moderne Industrie, 2000.

■ Riemann, Fritz: *Grundformen der Angst*. Eine tiefenpsychologische Studie. München: Ernst Reinhardt, 2000.

■ Willi, Jürg: *Therapie der Zweierbeziehung*. Reinbeck: Rowohlt, 1991.

8.2 Die Quelle des Erfolgs

Beziehungsprobleme blockieren Erfolg

Ein *harmonisches Familienleben* ist die Quelle unseres Lebensglücks und die Antriebsfeder jeglichen Erfolgs. Nach *Gail Sheehy* gibt es keine allgemein gültigen Faktoren für Erfolglosigkeit im Beruf. Einer amerikanischen Studie zufolge blieb nur ein einziges Merkmal übrig, das bei erfolglosen Führungskräften gefunden wurde: Eine starke Vernachlässigung des Familienlebens.

Flucht in die Arbeit, in wenigen Fällen noch Maßnahmen zur Aufrechterhaltung körperlicher Gesundheit, wurde stets erste Priorität eingeräumt. Häuften sich berufliche Probleme, wurde der Zeitanteil für „Leistung" eher noch gesteigert, und zwar zu Lasten der übrigen Bereiche.

Die *Abwärtsspirale* war vorgezeichnet:

- Probleme am Arbeitsplatz verstärkten bereits bestehende Spannungen im Privatleben und
- Schwierigkeiten zu Hause führten zu weiteren Leistungsabfällen im Beruf.

Stress, Mangel an Bewegung, Alkohol- und Medikamenten- sowie Drogenmissbrauch machten das Maß voll. Oft realisierten die Führungskräfte erst nach ihrem *Zusammenbruch,* was passiert war:

Gesundheitsprobleme

- *Familie* oder Freunde hatte sich zurückgezogen.
- Die *Gesundheit* blieb auf der Strecke.
- Die Frage nach dem *Sinn* war oft jahrelang nicht gestellt worden.

Kaum jemand dankt der nun allseitig erfolglosen Führungskraft für die *einseitige* Überbetonung eines Lebensbereichs. Eine jüngst veröffentlichte amerikanische Studie belegt: „Ehepaare sprechen täglich vier Minuten miteinander."

Einseitigkeit

Oft denken wir nicht daran, dass *Beziehungen* im *privaten Bereich* ebenso gepflegt werden müssen wie im beruflichen. Dazu kommt in vielen Fällen:

Private Beziehungen

- Die Angst vor Konflikten mit dem Ehe-/Lebenspartner.
- Die Furcht, sich verletzlich zu zeigen.
- Eine zu laxe Einstellung, was die Beschäftigung mit der Familie angeht.

Die Folge: Das Familienleben und die Kontakte zu Freunden verkümmern.

Kurztest: Wie viel Zeit widmen Sie Ihren Kontaktbereichen?

Schätzen Sie selbst ein, wie viel Aufmerksamkeit Sie dem Kontaktbereich derzeit einräumen:

Soziale Kontakte allgemein
1. Welche Bedeutung haben im Allgemeinen *soziale Kontakte* für Sie persönlich (Freunde, Nachbarn, Kollegen etc.)?
   A ❑ sehr wichtig
   B ❑ mäßig
   C ❑ unwichtig

Partner
2. Wie bewusst haben Sie die Beziehung zu Ihrem *Ehe- oder Lebenspartner* während der letzten drei Monate gepflegt (hinsichtlich Zeitaufwand, Aufmerksamkeit, Zärtlichkeit etc.)?
   A ❑ sehr intensiv
   B ❑ etwas
   C ❑ kaum

Eltern
3. Haben Sie während des letzten halben Jahres regelmäßig den Kontakt zu Ihren *Eltern* gehalten?
   A ❑ ja
   B ❑ hin und wieder
   C ❑ nein

Verwandte
4. Hatten Sie im letzten Jahr „außerhalb der Reihe" Zeit für Ihre *Verwandten* (gilt nicht für die Teilnahme an besonderen Ereignissen wie Hochzeit, Taufe, Beerdigung, Weihnachten etc.)?
   A ❑ viel
   B ❑ etwas
   C ❑ nein

5. Haben Sie während der letzten Monate Ihre Beziehung zu Ihren *Freunden* gepflegt?
   A ❏ ja
   B ❏ unregelmäßig
   C ❏ nein

   Freunde

6. Haben Sie gern *Gäste* bei sich zu Hause?
   A ❏ ja
   B ❏ hin und wieder
   C ❏ nein

   Geselligkeit privat

7. Wie lange verweilen Sie im Allgemeinen auf *Betriebsfeiern,* Empfängen, Diskussionsrunden oder ähnlichen Ereignissen?
   A ❏ sehr lange
   B ❏ verschieden
   C ❏ so kurz wie möglich

   Geselligkeit außer Haus

8. Beteiligen Sie sich selbst an gesellschaftlichen *Organisationen* (z. B. Verein, Club, politische Partei, Bürgerinitiative)?
   A ❏ sehr intensiv
   B ❏ mittel
   C ❏ (fast) gar nicht

   Soziales Engagement

9. Haben Sie Kontakt zu Menschen aus anderen *Kulturkreisen?*
   A ❏ viel
   B ❏ manchmal
   C ❏ selten oder nie

   Interkulturelles Interesse

10. Wann nach der Bekanntschaft sind Sie über Menschen, ihre persönliche Situation und *Lebensumstände* informiert?
    A ❏ relativ schnell
    B ❏ nach und nach
    C ❏ relativ spät

    Kontaktfähigkeit

Auswertung:
Sie erhalten für jede
A-Antwort 1 Punkt
B-Antwort 0,5 Punkte
C-Antwort 0 Punkte
Mein Gesamtwert: _____ Punkte

Ergebnis:

8 bis 10 Punkte: Sie verfügen über eine hohe Kontaktfreudigkeit und sind ein geselliger Mensch. Achten Sie aber darauf, dass auch die anderen Lebensbereiche nicht zu kurz kommen.

4 bis 7 Punkte: Sie kennen die Bedeutung zwischenmenschlicher Kontakte, gewinnen aber immer wieder Abstand zu anderen. Sie können die besondere Unterstützung und Förderung durch andere Menschen noch verbessern.

0 bis 3 Punkte: Sie haben persönlich ein sehr starkes Defizit im Kontaktbereich. Lassen Sie sich unbedingt durch die folgenden Tipps sowie die weiterführende Literatur zur Stärkung Ihrer Beziehungskomponente anregen!

8.3 Glück als Lebensprinzip

Schlüssel zum Glück Der *Schlüssel zum Glück* ist beides: Einfach und kompliziert. Er ist die Summe einer mehr als 2.000-jährigen Geschichte, bestehend aus Philosophie, Psychologie, Spekulationen und Diskussionen über die Bedeutung und die Quellen des Glücks. Von Aristoteles im Jahre 340 v. Chr. bis zu den modernen Denkern, Rednern und Schriftstellern hat sich dieser Schlüssel kaum verändert.

Er ist für alle Frauen und Männer in jedem Land und in allen Lebenslagen der gleiche.

Der *Schlüssel zum Glück* heißt:

> Widmen Sie sich selbst der Entwicklung Ihrer natürlichen Talente und Fähigkeiten, indem Sie das machen, was Sie gerne tun. Und werden Sie darin besser und besser.

Das ist eine wichtige Aussage und eine große Verpflichtung. Glücklich zu sein erfordert, dass Sie Ihr Leben nach Ihren eigenen Bedingungen definieren und Ihr Herz dafür geben, Ihr Leben so zu leben, wie Sie es sich vorgestellt haben. Daher erfordert das *Glücklichsein,* dass Sie extrem egoistisch sind und sich selbst zu einem Punkt hin entwickeln, an dem Sie dann nicht mehr egoistisch sein müssen.

In *Edmond Rostands* Theaterstück „Cyrano de Bergerac" wird Cyrano einmal gefragt, warum er so individualistisch ist und sich so wenig um die Meinungen und Urteile anderer kümmert. Er antwortet auf diese Frage: „Ich bin, was ich bin, weil ich mich schon früh in meinem Leben dazu entschieden habe, dass ich letzten Endes nur mir selbst gefallen möchte."

Ihr Glück hängt also anfänglich nur von Ihrer Fähigkeit ab, sich selbst zu gefallen. Sie können nur glücklich sein, wenn Sie Ihr Leben so führen, dass es Ihnen gefällt. *Niemand kann Glück für Sie definieren.* Denn nur Sie selbst wissen, was Sie glücklich macht.

Es gibt viele Gründe, warum die Menschen nicht mehr auf ihre Gefühle hören und warum sie insbesondere ihr eigenes Glück abhängig machen von den Ereignissen, die ihnen widerfahren.

Drei Glücksmythen

Es gibt *drei Glücksmythen,* an die wir alle bis zu einem gewissen Grad glauben:

Ich muss andere glücklich machen

■ Wir glauben, dass es nicht legitim oder richtig ist, unser eigenes Glück über das aller anderen zu stellen. Immer wieder treffen wir Menschen, die sagen, es sei für sie wichtiger, *andere Menschen glücklich zu machen* als sich selbst. Das ist Unsinn! Menschen sind glücksgetriebene Organismen. Alles, was wir im Leben tun, richtet sich darauf aus, unser Glück zu steigern. Der beste Weg, um sicherzustellen, dass andere Menschen glücklich sind, ist es, selbst glücklich zu sein und dieses Glück mit anderen zu teilen.

Ich muss ausschließlich anderen dienen

■ Wir glauben, dass wir auf der Welt sind, *um anderen zu dienen* – nicht uns selbst. Viele Dichter und Schriftsteller haben diesen Mythos über Jahrhunderte hinweg aufrechterhalten. Natürlich ist dies auf eine Art und Weise richtig: Denn, wenn wir anderen dienen, dienen wir letzten Endes uns selbst. Dadurch, dass wir anderen dienen, erreichen wir einen Lebenszweck. Doch wenn wir uns selbst verlieren, indem wir anderen dienen, kann das nicht glücklich machen.

Ich lebe fremde Auffassungen von Glück

■ Wir glauben, dass das, *was jemand anderes als Glück definiert* auch für uns gültig ist. Oft fühlen wir uns schlecht, da wir nicht glücklich sind, wenn wir etwas tun, von dem jemand anderes denkt, es würde uns glücklich machen. So lassen sich zum Beispiel viele Menschen von ihren Eltern hinsichtlich ihrer Berufswahl beeinflussen. Das Ergebnis: Hinterher fühlen sie sich miserabel. Sie wollen ihren Eltern gefallen, sie wollen, dass diese glücklich sind, doch sie haben keinen Spaß an dem, was sie tun.

Sie sind ehrlich zu sich selbst, wenn Sie auf Ihre *innere Stimme hören.* Unsere Intuition ist oftmals verschüttet durch Konventionen, Regeln, Erziehung und Ratio. Doch sie weiß genau, was uns wirklich glücklich macht. Sie werden das meiste aus sich herausholen, wenn Sie den Mut und die Kraft dazu haben, *Ihre Definition von Glück,* wie auch immer diese aussehen mag, *zu leben.*

Ich habe es verdient, glücklich zu sein!

Ein wichtiger Punkt in Bezug auf Glück ist die Frage, ob Sie denken, d*ass Sie es verdient haben, glücklich zu sein.* Die meisten von uns wurden dazu erzogen, sich schuldig zu fühlen. Tief in unserem Innersten glauben wir häufig, dass wir es nicht verdienen, wirklich glücklich zu sein. Dieses Gefühl kann uns dazu verleiten, dass wir unser eigenes Glück sabotieren, wenn wir es endlich erreicht haben. Akzeptieren Sie bitte, dass Sie all das Glück, das Sie erfahren, auch verdienen, denn Sie haben Ihre Fähigkeiten und Talente dafür eingesetzt. Je mehr Sie sich selbst mögen und respektieren, desto mehr werden Sie denken, dass Sie die guten Dinge im Leben auch verdienen. Und je mehr Sie denken, dass Sie all das verdienen, desto mehr werden Sie das Glück, auf das Sie zuarbeiten, auch erreichen.

Glück ist niemals das Ziel. Glück ist der spannende Weg dorthin.

127

8.4 Jetzt geht's los

Soziale Kontakte pflegen

Soziale Kontakte sind wichtig. Doch dosieren Sie sie so, wie es Ihren Lebensumständen entspricht. Sind Sie für jeden offen, dann kann das negative Konsequenzen für Ihr Leben haben. Lassen Sie sich nicht überfluten mit Einladungen, Problemen und Gesprächen. Setzen Sie auch hier bewusst *Prioritäten*. Ganzheitliches Zeit- und Lebensmanagement bedeutet, bewusst Zeit für die Pflege der Beziehung einzuplanen, die Ihnen besonders am Herzen liegt.

Kontaktvorbereitung

- Nehmen Sie sich Zeit zum Abschalten nach der Arbeit (Spaziergang, Sport, Entspannung), um den Zeitstress zu reduzieren.
- Legen Sie sich eine Liste mit Punkten an, über die Sie nicht ausreichend mit Ihrem Ehe- oder Lebenspartner sprechen.
- Überlegen Sie sich, was Ihrem/r Partner/in wichtig ist und Freude bereitet.

Kommunikation

- Reduzieren Sie Ihre Kommunikationsdiebe (passives Fernsehen, „Sich-hinter-der-Zeitung-verkriechen" etc.)
- Planen Sie regelmäßig Zeit für Aussprachen mit Ihrem Ehe- oder Lebenspartner ein (auch über die aufgelisteten Tabuthemen).
- Nehmen Sie sich Zeit, gemeinsam mit ihm/ihr über die Sinnfrage nachzudenken.

Gemeinsame Aktivitäten

- Halten Sie Ihr Wochenende und Ihren Urlaub möglichst frei von Arbeit.
- Schaffen Sie sich Zeit für Familienaktivitäten (Sport, Spiel, Gespräche, Essen).

Was setze ich um?

Nehmen Sie sich einige Momente Zeit, Ihre Vereinbarung mit sich selbst zu stärken. Halten Sie schriftlich fest, was Sie konkret tun werden.

1. Mit welchen für Sie wichtigen Menschen wollen Sie qualitativ hochwertige *Zeit verbringen* (nicht zu viele Menschen, denn sonst reicht die Zeit nicht)?

    _____

    _____

2. Welche Ideen wollen Sie konkret in Ihrer *Beziehung* verwirklichen?

    _____

    _____

3. Was werden Sie tun, um für diese Maßnahmen *Zeit* zu schaffen?

    _____

    _____

4. Welche inneren und/oder äußeren *Widerstände* könnten Sie daran hindern, diese Maßnahmen umzusetzen?

    _____

    _____

5. Wie *unterstützen* Sie sich, es dennoch zu tun?

    _____

    _____

6. Wann machen Sie den *ersten Schritt?*

_____

_____

9. Lebensbereich Sinn/Werte

„Was unser Kopf weiß, tun wir noch lange nicht, wenn unser Herz nicht dahinter steht."

Alexander Christiani, Erfolgstrainer

9.1 Experten-Interview mit Pater DDr. Hermann-Josef Zoche

Pater Zoche, wie definieren Sie den Begriff Werte?
Wert ist in gesamtmenschlicher Hinsicht eine *Maßeinheit für die innere Bewegung zwischen einem vorgestellten Ideal und der erlebten Realität.*

Wie entsteht das Wertegefüge eines Menschen?
Das Wertegefüge eines Menschen bildet sich – je nach Alter und Erbanlagen – *durch die Wechselwirkungen verschiedener Einflüsse und Faktoren:* Erziehung, Prägung von außen, die Fähigkeit zur Übernahme vorgegebener Wertesysteme, Unterscheidungs- und Ablehnungsmöglichkeiten angebotener Wertesysteme, die subjektive Auswahl akzeptierter Werte und ihr Einbau ins persönliche Wertesystem. Das persönliche Wertegefüge eines Menschen bildet sich also *dynamisch.*

Wertesystem entwickelt sich dynamisch

Wie können Wertvorstellungen dabei helfen, Alltagsstress zu bewältigen und Balance zu halten?
Ich vermute, dass alle mit *Stress* bezeichneten Zustände bestimmte Gemeinsamkeiten haben: die Empfindung von Unfreiheit, zu wenig Zeit für sich selbst, für die Interessen, für den Partner und die Familie. Stressgeplagte Menschen fühlen sich eingezwängt und befinden sich in einer Art Tretmühle, aus der sie meinen, mit eigener Kraft nicht herauszukommen. Mit *festen Wertvorstellungen* kann man gegen diesen Stress gut angehen. Sie bilden ein Gerüst, mit

Feste Wertvorstellungen beugen Stress vor

dessen Hilfe man viele alltägliche und kleine Entscheidungen treffen kann. Nehmen wir einmal eine ganz normale Alltagssituation: Unter Zeitdruck fährt man zu einem Termin. Hektische Parkplatzsuche. Endlich eine Parkmöglichkeit, und dann – ach du Schreck – der Hinweis „Parkscheine am Automaten". Soll man nun noch einen Parkschein lösen (und wieder wertvolle Sekunden verlieren) oder soll man es ohne Parkschein riskieren?

Es ist mit Sicherheit stressfreier, wenn man bezahlt, und es ist zugleich auch – im Sinne des Wertesystems – das Richtige. Derartige Situationen gibt es Hunderte am Tag. *Wenn wir lernen, immer nach dem „richtigen" Wert zu entscheiden, leben wir auf Dauer stressfreier.* Vielleicht merken wir dann auch, das es für die Verwirklichung der Werte sinnvoll ist, die Zeit richtig einzuteilen.

Welcher Zusammenhang besteht zwischen Werten und Lebenszielen?

Nun, das hängt natürlich ganz von den Werten und den Zielen ab, die ein Mensch hat: Wer das Ziel hat, lange zu leben, für den werden Sport und Fitness einen sehr hohen (Stellen–) Wert haben; wer das Ziel hat – sagen wir es mal ganz einfach –, in den Himmel zu kommen, für den wird die Religionsausübung einen gewissen Platz im Leben einnehmen. *Grundsätzlich darf das Ziel dem Wert und dem gesamten Wertesystem nicht widersprechen.* Um es bildhaft zu sagen: Wenn ich das Ziel habe, reich zu sein, dann gibt es verschiedene Wege, zu diesem ersehnten Reichtum zu gelangen. Je nach dem Wertesystem, das mich dabei begleitet, kann ich mir den Reichtum über Diebstahl und Betrug verschaffen oder durch redliche Arbeit. Andererseits wirkt das Ziel, das ich erreichen möchte, auch auf das dynamische Wertesystem zurück, denn ich muss wissen, wie viel mir die Zielerreichung „wert" ist (Zerstörung der Ehe, Missachtung der Elternpflicht, Gesundheitsrisiken etc.).

Ziele dürfen dem Wertesystem nicht widersprechen

133

Werte und Ziele bedingen also einander, denn was nützt der edelste Wert, wenn ich ihn nicht zu erreichen trachte, oder was nützt das schönste Ziel, wenn seine Erreichung viele Werte zerstört? Gerade dann, wenn es ums *Lebensziel* geht, wird die Sache heikel, denn Werte haben wir immer „hier und jetzt". Ziele liegen in der Zukunft.

Wie können unsere Leser herausfinden, welche Wertvorstellungen sie haben?

Rückblick bringt Klarheit über eigenes Wertesystem

Es klingt an dieser Stelle vielleicht überraschend, aber die einfachste Methode, das herauszufinden, ist die: *Stellen Sie sich vor, Sie sind 80 Jahre alt und blicken auf Ihr Leben zurück.* Fragen Sie sich: Was für eine Rede würden Sie am liebsten zu diesem Geburtstagsfest halten und schreiben Sie sich diese Rede auf. Schauen Sie sich dann Ihren Text an und „filtern" Sie die „Werte" heraus. Welchen Stellenwert geben Sie Ihren Kindern, der Firma, der materiellen Absicherung, der Sinnfrage, worauf blicken Sie zurück etc.? Diese Übung ist eine Hilfe, sich des eigenen Wertesystems bewusst zu werden. Ist man so weit vorgedrungen, dann kann man sich auch fragen: Welchen Wert möchte ich unter allen Umständen beibehalten? Auf welchen dieser Werte könnte ich verzichten? Welcher Wert hängt von mir selber ab? Welcher von anderen? So kommt man zu der wichtigen „*Dynamik*" der Werte, denn erst damit lässt sich der nächste Schritt entscheiden.

Was wird sich für einen Menschen ändern, wenn er beginnt, sich Gedanken über seine Wertvorstellungen zu machen?

Klare Wertvorstellungen bringen Lebensorientierung

Das bewusste Leben mit den eigenen Wertvorstellungen *ermöglicht Orientierung* im Dickicht der Selbstverwirklichungsangebote unserer Zeit. Man lernt Prioritäten zu setzen, Wichtiges von Unwichtigem zu unterscheiden, verschiedene Angebote abzuwägen und zu beurteilen, was einem selbst wichtig ist und worin inhaltlich der nächste Schritt, den man gehen will, besteht. Der bewusste Umgang mit den eigenen Wertvorstellungen ist mit dem eines Stadtplanes oder einer Wanderkarte zu vergleichen. Wer sich in einer fremden Stadt oder bei einer Wanderung verlaufen hat, nimmt sie zur Hand und versucht herauszubekommen, wo er sich befindet. Erst wenn Sie wissen, wo Sie sich befinden, können Sie schauen, wie Sie das Ziel am schnellsten erreichen.

Welche Werte sind denn für Sie persönlich wichtig?
Fröhlichkeit, Großherzigkeit, Gelassenheit, Dankbarkeit, Friedfertigkeit, Vergebungsbereitschaft, Solidarität, Mitleidsfähigkeit, Frieden, Toleranz, Vertrauen, Klugheit, Gerechtigkeit, Tapferkeit, Maß, Gottvertrauen – da wäre noch vieles aufzuzählen; vielleicht kann man wirklich alles in dem Begriff *Liebe* bündeln, wenn man darunter mehr versteht, als es heute allgemein üblich ist.

Kurzvita
Pater DDr. Hermann-Josef Zoche, geb. 1958. Studium der Philosophie und Theologie in Frankfurt/M. (u. a. bei Rupert Lay), Freiburg, München und Augsburg. Promotion in katholischer Theologie und in Philosophie. Ordenseintritt bei den „Brüdern vom gemeinsamen Leben". Priesterweihe (1987). Seit 1991 Vikar in Waldkirch bei Waldshut, freier Journalist und Publizist, eigene Seminare und Vorträge für Management und Industrie, Meisterschulungen. Zahlreiche Zeitschriftenbeiträge und mehrere Buchveröffentlichungen.

Bücher zum Thema

■ Zoche, Hermann-Josef: *Macht Erfolg Sinn*. Eine neue Ehtik für Unternehmer und Manager. Paderborn: Junfermann, 1996.
■ Zoche, Hermann-Josef: *Die zehn Gebote für Manager* – Das Praxisbuch zur Gestaltung einer Firmenethik. Bayreuth: Schmidt Verlag, 2001.

9.2 Werte geben dem Leben Sinn

> *„Wie seinen individuellen Fingerabdruck so hat auch jeder Mensch sein persönliches unverwechselbares Motivprofil."*
>
> Dr. Steven Reiss

Werte und Sinn

Wie wichtig gerade in Krisenzeiten unser *Wertesystem* sein kann, zeigt der bekannte Logotherapeut *Victor Frankl* in seinem Buch „Trotzdem Ja zum Leben sagen" auf. An einer Vielzahl von Studien an KZ-Häftlingen beschreibt er die Notwendigkeit einer klaren Zielsetzung in Krisenzeiten. Wichtigster Faktor, um selbst härteste Anforderungen zu überstehen, ist nach seiner Beobachtung, *Sinn im (Über-)Leben* zu sehen und über eine starke Werteorientierung zu verfügen.

Werteorientierung

Erst der Sinn hinter den Dingen macht unser Leben wirklich lebenswert

Glaube, die Liebe zum Menschen, politische Überzeugungen, Familienangehörige, die versorgt werden mussten, das Bedürfnis, Schwächeren hilfreich zur Seite zu stehen – all dies konnte nach Frankl einzelnen Menschen Sinn geben und ermöglichte ihnen ein Überleben unter menschenverachtenden Bedingungen.

Aufgabenorientierung

Natürlich erreicht jeder von uns auch ohne Sinn gebende Wertvorstellungen Tag für Tag *Ziele:* Wir führen Projekte zu Ende, laufen „unsere" fünf Kilometer oder nehmen am Elternabend teil. Gelingt es nicht, darüber hinaus übergeordnete *Werte* zu erkennen, an denen eine Orientierung möglich ist, verliert bloße Aufgabenerledigung ihren befriedigenden Charakter und ermüdet nur noch. Für ein ganzheitliches Zeit- und Lebensmanagement ist daher die Klärung von *Wertvorstellungen* Grundlage für alle folgenden Schritte.

Während *Ziele* fast immer den *Haben*-Gesichtspunkt in den Vordergrund stellen (zum Beispiel das Ziel, einen neuen Wagen haben zu wollen), spiegeln *Werte* den *Sein*-Aspekt wider, zum Beispiel die Wertvorstellung, finanziell unabhängig zu sein.

Unterscheiden Sie zwischen Haben und Sein

Werte geben uns Regeln und Prinzipien, nach denen wir unser Leben in *Balance* bringen und halten können. Haben wir uns Klarheit über unsere Wertvorstellungen verschafft, fällt es leichter, daraus sinnvolle *Ziele* zu entwickeln.

Werte und Verhalten

Aktive Schritte zur Umsetzung dieser Ziele können nun aus dem starken Gefühl der Klarheit und Sicherheit heraus getan werden. Dabei ist es wichtig, den Unterschied zwischen unserem äußeren Handeln, um unsere Ziele zu erreichen, und unseren wirklichen Bedürfnissen *(Werten)* zu verstehen. Unser *Verhalten* ist immer nur die Bühne unseres Lebens, das, was wir nach außen zeigen. Erst dahinter, sozusagen als Regisseur im Backstage, stehen unsere Werte, unsere wahre Handlungsmotivation. Sehr oft kennen wir unser eigenes Wertesystem nicht und lassen uns daher zu „oberflächlichen" Zielen verleiten, die unseren inneren Werten nicht entsprechen. Es ist ein lohnender Weg, das eigene Wertesystem zu erkennen. Decken sich Werte und Verhalten erst einmal, bietet sich uns die Chance zur Selbstverwirklichung.

Erkennen Sie den Regisseur Ihres Lebensspiels

9.3 Werte als Bausteine der Lebensvision

„Achtzig Prozent unserer Motivation entspringen dem Warum, nur zwanzig Prozent dem Was und Wie."

Charles Garfield

Werte sind für Ziele immanent wichtig

Diese Erkenntnis eines der weltweit führenden Motivationspsychologen sagt aus, dass unser *Wertesystem,* unsere Gründe so zu handeln, wie wir es tun, weit mehr in uns bewirken als unsere Ziele selbst. Hier liegt auch die Erklärung, warum sich sehr viele Menschen zwar immer wieder Ziele setzen, diese dann aber aus den Augen verlieren, und warum es so schwer ist, die eigene Lebensvision zu erkennen. Ohne Klarheit über die Werte, die hinter Ihren Zielen stehen, sind die Ziele nichts als leere Worthülsen. Nur, wenn Sie Ihre Werte kennen, werden Sie Ziele formulieren, von denen Sie wirklich beseelt sind. Äußere Zwänge haben dann keinerlei Chance.

Kennen Sie Ihre Werte?

 Kurztest: Schätzen Sie selbst ein, wie es um Ihre Ziele und Wertvorstellungen bestellt ist.

Haben Sie Lebensprinzipien?

1. Haben Sie *feste Wertvorstellungen*, an denen sich Ihr Leben orientiert?

   A ❏ fast immer

   B ❏ häufig

   C ❏ fast nie

2. Überprüfen Sie regelmäßig Ihr *Verhalten* anhand Ihrer Wertvorstellungen?
   A ❏ fast immer
   B ❏ häufig
   C ❏ fast nie

Regelmäßiger Verhaltens-Check

3. Nehmen Sie sich täglich Zeit, für *kurze Zeit* in sich zu gehen und über Themen wie Menschlichkeit, Umwelt, Glaube *nachzudenken?*
   A ❏ fast immer
   B ❏ häufig
   C ❏ fast nie

Auszeit für Sinnsuche

4. Haben Sie Vertrauen in die *Zukunft?*
   A ❏ fast immer
   B ❏ häufig
   C ❏ fast nie

Zukunfts-optimismus

5. Engagieren Sie sich für *Sinnfragen* (Frieden, Einheit der Menschheit, Umwelt, Glaube)?
   A ❏ fast immer
   B ❏ häufig
   C ❏ fast nie

Übergeordneter Lebenssinn

6. Sind Sie glücklich und zufrieden mit Ihrer derzeitigen *Lebenssituation?*
   A ❏ fast immer
   B ❏ häufig
   C ❏ fast nie

Zufriedenheit im Hier und Jetzt

7. Haben Sie langfristige Ziele für alle vier *Lebensbereiche?*
   A ❏ fast immer
   B ❏ häufig
   C ❏ fast nie

Ziele für ein Leben in Balance

Schriftliche Ziele 8. Sind Ihre Ziele *schriftlich* fixiert?
A ❏ fast immer
B ❏ häufig
C ❏ fast nie

Zielkontrolle 9. *Überprüfen* Sie regelmäßig Ihre langfristigen Ziele?
A ❏ fast immer
B ❏ häufig
C ❏ fast nie

Sinndiskussionen führen 10. Sprechen Sie mit Ihrer Familie, Ihren Freunden oder anderen *Menschen* über Sinnfragen?
A ❏ fast immer
B ❏ häufig
C ❏ fast nie

Auswertung:
Sie erhalten für jede
A-Antwort 1 Punkt
B-Antwort 0,5 Punkte
C-Antwort 0 Punkte
Mein Gesamtwert: _____ **Punkte**

Ergebnis:

8 bis 10 Punkte: Sie haben erkannt, wie wichtig es ist, sich mit dem „Warum" hinter unserem Tun zu beschäftigen und sind auf dem besten Wege zu einem sinn- und gehaltvollen Leben.

4 bis 7 Punkte: Sie vergessen ab und zu, was wirklich gut und wichtig für Sie ist und sollten Ihre persönlichen Werte und Ziele regelmäßig überprüfen und Ihre Tagesaktivitäten daran ausrichten.

0 bis 3 Punkte: Kann es sein, dass Sie sich noch gar nicht mit dem Sinn Ihres Lebens beschäftigt haben? Sie sollten sich über Ihr Leben, Ihre Wertvorstellungen und Ihre Zukunft ernsthafte Gedanken machen und konkrete Zielvorstellungen fixieren. Dabei unbedingt schriftlich denken und arbeiten.

Was uns antreibt

Es gibt sehr viele Theorien darüber, welche *Motivations-strukturen* und *Wertesysteme* unserem Handeln zugrunde liegen. Doch sind sich letztlich alle Forscher darüber einig, dass unsere Motive entscheidend dafür sind, wie wir unser Leben gestalten und was wir tun.

Motive unseres Handelns ermitteln

Momentan revolutionieren neue wissenschaftliche Erkenntnisse über menschliche Motive radikal viele überholte Glaubenssätze der Arbeits- und Motivationspsychologie. Bereits Mitte 1998 veröffentlichte der weltweit anerkannte Motivationspsychologe **Dr. Steven Reiss** von der Ohio State University relativ unbeachtet von der europäischen Fachwelt bahnbrechende Ergebnisse aus seinen wissenschaftlichen Studien zum Thema Werteforschung.

Neue Erkenntnisse der Motivations-psychologie

Die bisherigen Annahmen, dass die grundsätzliche Motivation menschlichen Verhaltens auf alles Mögliche, von der Suche nach Wahrheit bis hin zur Maximierung von Vergnügen oder dem Vermeiden von Schmerz, zurückzuführen ist, müssen neu überarbeitet werden. Dr. Reiss deckte auf, dass fast alles, was wir tun, auf *16 grundlegende Bedürfnisse* und Werte zurückgeführt werden kann.

16 menschliche Motive

Bestimmen Sie Ihr persönliches Werte-Profil

 +

 0

 –

So funktioniert es!

Um Ihr *persönliches Motivprofil* zu bestimmen, prüfen Sie die im Folgenden zu allen 16 Motiven formulierten Aussagen, ob sie:

- stark = + oder
- kaum/gar nicht = – zutreffen oder

ob keine dieser Aussagen Ihr Verhalten richtig charakterisiert und manchmal das eine, dann wieder das andere stimmt, notieren Sie dann für das betreffende Motiv

- weder noch = 0.

Es gibt keine guten oder schlechten Werte. Daher gibt es auch keine richtigen oder falschen Antworten. Damit Sie sich ein möglichst genaues Bild Ihrer lebensbestimmenden Antriebe und Werte verschaffen können, müssen Sie die Fragen nur *bedingungslos ehrlich beantworten.*

Auswertung:

Schreiben Sie Ihre Werte auf. Beginnen Sie mit denen, die von Ihnen ein + bekommen haben. Schauen Sie dann auch die an, die Sie mit – bewertet haben.

Beantworten und reflektieren Sie folgende Fragen:

- Was sind die wirklich wichtigen Werte in Ihrem Leben?
- Welche Dinge interessieren Sie überhaupt nicht?
- Wie gut können Sie Ihre wichtigsten Bedürfnisse in den verschiedenen Lebensbereichen verwirklichen?
- Welche Hindernisse und Schwierigkeiten gibt es?
- Wie viel Zeit verbringen Sie mit Dingen, die Ihnen eigentlich nichts bedeuten?

9.4 Ihr persönliches Werte-Profil

Das Reiss-Profil: Was uns antreibt

1. Macht   **Macht**
+   Ich bin ehrgeizig und karrierebewusst und überneh-
    me gern das Kommando.
–   Ich bin deutlich weniger ehrgeizig als andere. Ich bin
    eher nachgiebig.
0   Weder noch. Manchmal stimmt auch das eine, dann
    das andere.
Ihr Wert: __

2. Unabhängigkeit   **Unabhängigkeit**
+   Das Motto „Selbst ist der Mann/die Frau" bestimmt
    mein Leben.
–   Ich bin stark an meinen Partner gebunden. Ich mag es
    nicht, allein zu sein.
0   Weder noch. Manchmal stimmt auch das eine, dann das
    andere.
Ihr Wert: __

3. Neugier   **Neugier**
+   Ich bin das, was man „wissensdurstig" nennt.
–   Ich mag keine intellektuellen Aktivitäten. Ich stelle
    nur selten Fragen.
0   Weder noch. Manchmal stimmt auch das eine, dann
    das andere.
Ihr Wert: __

4. Anerkennung   **Anerkennung**
+   Ich habe große Schwierigkeiten, wenn man mich kri-
    tisiert. Ich gebe oft auf.
–   Ich bin selbstbewusst. Auf Kritik reagiere ich meist
    völlig gelassen.
0   Weder noch. Manchmal stimmt auch das eine, dann
    das andere.
Ihr Wert: __

Ordnung 5. Ordnung

+ Ich bin besser organisiert als die meisten anderen Menschen.

– Mein Büro oder meinen Schreibtisch kann man nicht als ordentlich bezeichnen. Ich mag es überhaupt nicht, Dinge planen zu müssen.

0 Weder noch. Manchmal stimmt auch das eine, dann das andere.

Ihr Wert: __

Sparen 6. Sparen

+ Ich bin ein Sammler. Geld ist für mich wichtiger als für die meisten anderen.

– Ich bin großzügig. Ein „Sammler und Sparer" war ich noch nie.

0 Weder noch. Manchmal stimmt auch das eine, dann das andere.

Ihr Wert: __

Ehre 7. Ehre

+ Ich bin als prinzipientreuer Mensch bekannt. Man schätzt meine Loyalität.

– Ich glaube, dass jeder für sich alleine schauen muss, wo er bleibt.

0 Weder noch. Manchmal stimmt auch das eine, dann das andere.

Ihr Wert: __

Idealismus 8. Idealismus

+ Für einen guten Zweck und für Bedürftige bringe ich auch persönliche Opfer.

– Wohlfahrt und öffentliche Angelegenheiten interessieren mich nicht.

0 Weder noch. Manchmal stimmt auch das eine, dann das andere.

Ihr Wert: __

9. Beziehungen

+ Ich brauche andere Menschen, um glücklich zu sein. Man kennt und schätzt mich als humorvollen Zeitgenossen.

− Partys mag ich überhaupt nicht. Außer mit meiner Familie und wenigen engen Freunden habe ich keine Kontakte.

0 Weder noch. Manchmal stimmt auch das eine, dann das andere.

Ihr Wert: __

10. Familie

+ Kinder und Kindererziehung gehören zu meinem Lebensglück.

− Meine Elternrolle empfinde ich häufiger als belastend.

0 Weder noch. Manchmal stimmt auch das eine, dann das andere.

Ihr Wert: __

11. Status

+ Es gefällt mir, andere mit meinem Besitz zu beeindrucken.

− Reichtum interessiert mich sehr viel weniger als andere.

0 Weder noch. Manchmal stimmt auch das eine, dann das andere.

Ihr Wert: __

12. Rache

+ Ich bin aggressiv und kann meinen Ärger oft nicht kontrollieren.

− Ich bin selten wütend. Ich bin nicht gerne in Konkurrenz mit anderen.

0 Weder noch. Manchmal stimmt auch das eine, dann das andere.

Ihr Wert: __

Romantik 13. Romantik

+ Sex ist lebenswichtig für mich. Schönheit ist außerordentlich wichtig für mich.

– Ich mag Sex nicht besonders. Sexualität ist eigentlich eher abstoßend.

0 Weder noch. Manchmal stimmt auch das eine, dann das andere.

Ihr Wert: __

Ernährung 14. Ernährung

+ Essen spielt für mich eine große Rolle. Ich esse so oft es geht.

– Ich esse eigentlich nie mehr, als mir gut tut. Ich hatte nie Gewichtsprobleme.

0 Weder noch. Manchmal stimmt auch das eine, dann das andere.

Ihr Wert: __

Körperliche 15. Körperliche Aktivität
Aktivität
+ Wenn ich auf meinen Sport verzichten müsste, wäre ich unglücklich.

– Ich war schon immer etwas „träge". Ein faules Leben ist ein schönes Leben.

0 Weder noch. Manchmal stimmt auch das eine, dann das andere.

Ihr Wert: __

Ruhe 16. Ruhe

+ Ich bin meist schüchtern und es ängstigt mich, wenn ich gestresst bin.

– Ich bin mutig und unerschrocken.

0 Weder noch. Manchmal stimmt auch das eine, dann das andere.

Ihr Wert: __

10. Positive mentale Einstellung

> *„Verantwortung übernehmen klingt in vielen Ohren wie eine beschwerliche Bürde. Das jetzt auch noch, mag mancher denken. Jetzt trage ich neben meinen alltäglichen Sorgen auch noch die Verantwortung dafür. Jetzt soll ich plötzlich auch noch schuld sein. In Wirklichkeit befreit es. Es ist die Freiheit, die Sie sich selber geben."*
>
> Reinhard K. Sprenger

Mehr Konsequenz Unsere wohl größte Barriere auf dem Weg zum Erfolg ist *fehlende Selbstdisziplin.* Von unserer Energie und unserem Willen, aus unseren heutigen Zielen auch wirklich Taten zu machen, hängt ab, was wir aus unserem Leben machen und wie glücklich wir uns fühlen.

10.1 Verantwortung übernehmen

Das Prinzip der Verantwortung Sie sind uneingeschränkt dafür verantwortlich, was Sie sind, was Sie werden und was Sie erreichen. Nur Sie selbst bestimmen, was und wie Sie denken, und deshalb sind auch nur Sie selbst verantwortlich für das, was in Ihrem Leben passiert. Die Anwendung des *Verantwortungsprinzips* ist eine der wichtigsten Grundregeln für persönlichen Erfolg und Zufriedenheit. Denn wer es schafft, die Schuld für unbefriedigende Arbeitssituation, unglückliche Beziehungen und eigenes Versagen nicht bei anderen und in bestimmten Lebensumständen, sondern *allein bei sich selbst* zu suchen, der wird Kontrolle über sein Leben bekommen und damit auch die richtigen Wege und Strategien für persönlichen Erfolg und Zufriedenheit finden.

Sein Leben nach dem eigenen Stil zu leben, das sagt sich leicht dahin, doch ist es unheimlich schwer. Es bedeutet,

die volle Verantwortung für alles zu übernehmen, was passiert. Doch wir alle sind von Kindheit an darauf programmiert zu glauben, dass
jemand oder etwas anderes für einen großen
Teil unseres Lebens verantwortlich ist.

Finde deine weißen Kaninchen!

Übung: Finden Sie Ihre weißen Kaninchen

Leo Tolstoj, der berühmte russische Romancier, schreibt in einer seiner Kurzgeschichten über eine Gruppe Kinder, denen gesagt wird, dass das Geheimnis des Glücks im Garten hinter ihrem Haus versteckt sei. Sie würden es aber nur finden und für immer behalten, wenn sie nicht an ein weißes Kaninchen dächten, während sie nach dem Geheimnis suchten. Je intensiver die Kinder versuchten, den Gedanken an das weiße Kaninchen zu vermeiden, umso mehr dachten sie daran. Deshalb fanden sie das Geheimnis des Glücks nie.

Jeder von uns hat solche weißen Kaninchen. Es sind unsere Entschuldigungen, unsere Ausflüchte dafür, warum wir unsere Ziele im Leben nicht erreichen können. Die gängigsten dieser weißen Kaninchen lauten: „Ich bin zu alt oder zu jung." „Ich finde momentan einfach nicht die Zeit dafür."

Von der Fremd- zur Selbstverantwortung

Als wir Kinder waren, hatten unsere *Eltern* die Verantwortung für unser Leben. Sie sorgten für unser leibliches
Wohl, gaben uns Unterkunft, kümmerten sich um unsere Ausbildung, um unsere Gesundheit. Über alle Belange
unseres Lebens entschieden sie. Für *Kinder* ist diese pas-
sive Rolle richtig. Wenn sie Glück haben, sind sie Eltern
anvertraut, die ihnen liebevoll und Schritt für Schritt bei-

bringen, was es heißt, im Leben Verantwortung zu übernehmen. Denn spätestens ab dem 18. Lebensjahr sollten wir uns auf den Fahrersitz unseres Lebens begeben und unser eigenes Schicksal selbst bestimmen.

Führungsrolle übernehmen Doch die wenigsten Menschen übernehmen diese *Führungsrolle* vollständig. Sie geben bewusst oder unbewusst das Steuerrad aus den Händen und überlassen dem Chef, dem Partner oder auch sehr gern den Umständen die Verantwortung für ihren persönlichen Erfolg oder Misserfolg.

Die wichtigsten Merksätze des Verantwortungs-Prinzips

Der erste Merksatz des Gesetzes der Verantwortung besagt:
„Es steht Ihnen immer frei zu wählen, was Sie denken und was Sie tun."

Wahlfreiheit Da wir in unseren Entscheidungen frei sind und tun und sagen können, was wir wollen, können wir uns der Verantwortung für die Dinge, die wir tun oder unterlassen, auf keinen Fall entziehen.

Der zweite Merksatz dieses Gesetzes lautet:
„Die Verantwortung beginnt dort, wo Sie die uneingeschränkte Kontrolle über Ihr Bewusstsein übernehmen."

Kontrolle Unsere Realität wird von dem bestimmt, was wir denken und wie wir denken. Und da wir das nur selbst kontrollieren können, ist das Übernehmen von Kontrolle über unsere Gedanken der Beginn von Selbstkontrolle und persönlicher Macht.

Der dritte Merksatz dieses Gesetzes lautet:
„Niemand wird Ihnen zu Hilfe kommen."

Selbstbestimmung Soll sich etwas ändern? Das liegt einzig und allein an Ihnen. Wenn Sie wollen, dass sich etwas ändert, müssen

150

Sie sich ändern. Wenn Sie wollen, dass sich etwas verbessert, müssen Sie sich selbst verbessern.

So wenden Sie das Prinzip der Verantwortung sofort an

■ *Übernehmen Sie die Verantwortung für Ihre Arbeit und für alle Aspekte Ihres Jobs.* Die Besten jeder Branche fühlen sich als Eigentümer ihres Arbeitsplatzes. Sie betrachten sich als Selbstständige, ganz gleich, wer ihnen das Gehalt überweist. Und sie sind immer die geschätztesten und angesehensten Leute in ihren Unternehmen. Keine Ausflüchte, keine Schuldzuweisungen: Sagen (oder denken) Sie nie: „Das ist nicht meine Aufgabe!" So denken und sprechen Menschen, die keine Zukunft haben. Nicht Sie. Sie tragen Verantwortung.

Werden Sie zum Unternehmer – übernehmen Sie die Verantwortung für Ihre Arbeit

■ *Übernehmen Sie freiwillige Aufgaben und zusätzliche Arbeit.* Heben Sie in Meetings als Erster die Hand, wenn es etwas zu erledigen gibt. Ergreifen Sie die Initiative. Sagen Sie Ihrem Chef, dass Sie mehr Verantwortung übernehmen möchten. Betonen Sie das immer wieder. Wenn Sie eine Aufgabe übernehmen, erledigen Sie sie schnell und gut.

Nur aus Freiwilligkeit entstehen Erfolge und Spaß

10.2 Das Prinzip der Kontrolle

Haben Sie die Gründe für Ihre Lieblingsausflüchte kennen gelernt, dann können Sie beginnen, bewusst die *Kontrolle für Ihr Handeln* zu übernehmen. Kontrolle über das eigene Tun zu haben, ist eine der wichtigsten Voraussetzungen für eine ausgeglichenere Persönlichkeit. Haben Sie die vollständige Kontrolle über Ihr Leben, dann fühlen Sie sich kraftvoll.

Das Prinzip der Kontrolle

Selbst- oder fremdbestimmt

Das Prinzip der Kontrolle besagt: Wenn Sie sich selbst *positiv* wahrnehmen, kontrollieren Sie Ihr eigenes Leben. Wenn Sie sich *negativ* wahrnehmen, haben Sie keine eigene Kontrolle, sondern werden von außen fremdbestimmt.

Innerer und äußerer Ort der Kontrolle

Jeder Mensch akzeptiert für sich entweder einen inneren oder einen äußeren Ort der Kontrolle. Mit einem *inneren Sitz der Kontrolle* habe Sie einen geringeren Stresspegel. Sie sind in der Lage, Höchstleistungen zu zeigen und fühlen sich voll und ganz für sich selbst verantwortlich. Mit einem äußeren Ort der Kontrolle werden Sie eine hohe Stressbelastung zeigen und nur in einem geringen Maß leistungsfähig sein. Sie leben immer mit dem Gefühl, dass andere für Ihr Glück oder Unglück verantwortlich sind.

Kontrolle ist also der Schlüssel. Kontrolle bedeutet, dass Sie sich hinter dem Steuer Ihres eigenen Lebens befinden und der Herr Ihrer eigenen Bestimmung sind. Ihr Sinn für Kontrolle ist stark dadurch bestimmt, wie Sie sich die Dinge in Ihrem Leben erklären: Sehen Sie in der Regel auch in Problemen eine Chance und nehmen Sie Rückschläge als Lernerfahrung für die Zukunft, dann agieren Sie kontrolliert, Sie konzentrieren sich auf die Chancen. Reagieren Sie jedoch auf Probleme fast immer ärgerlich, bedrückt oder ängstlich, dann ist Ihr Gefühl für Kontrolle nur schwach ausgebildet.

Übernehmen Sie bewusst die Kontrolle

Ihr erster Ansatz sollte es also sein, Ihren Ort der Kontrolle ganz klar zu definieren. Nicht die anderen und die Umstände, sondern allein Ihre *Einstellung* dazu ist verantwortlich.

10.3 Das Prinzip des Zufalls

Eine weitere Hilfe für Ihren Weg zu mehr Selbstverantwortung ist die Beschäftigung mit dem *Prinzip des
Zufalls,* von dem Sie sich sofort befreien sollten.

Das Prinzip des Zufalls

Das Prinzip des Zufalls besagt, dass alles nur zufällig passiert, dass alles durch Glück bestimmt ist. Unglück-
licherweise leben die meisten Menschen danach und es ist
ihnen noch nicht einmal bewusst, dass sie durch diese
Einstellung den Ort der Kontrolle nach außen verlegen.

Es gibt keine Zufälle

Wenn Sie das Prinzip des Zufalls akzeptieren, wird es
dazu führen, dass Sie sich hilflos fühlen und sich nicht in
der Lage sehen, Dinge in Ihrem Leben zu verbessern.
Psychologen nennen dies eine erlernte Hilflosigkeit, und
die wiederum führt zu erlerntem Pessimismus. Wollen
Sie die Gefühle der Machtlosigkeit also ablegen, dann
müssen Sie sich *vom Prinzip des Zufalls befreien.*

10.4 Räuber-Emotionen mindern die Lebensqualität

Menschen, die wenig Kontrolle über ihr Leben haben,
denken, sie könnten aus ihrem Leben nichts machen.
Dieses Gefühl löst negative Emotionen aus, wie beispiels-
weise Unzufriedenheit, Ärger, Frustration, Schuld, Groll,
Neid, Eifersucht oder Angst. *Negative Emotionen sind die
Räuber-Emotionen unseres Lebens.* Sie sind damit der
Hauptgrund für Unzufriedenheit und Versagen. Sie
machen krank, zerstören Beziehungen und Karrieren,

Negative Emotionen zapfen Energie ab

153

Negative Emotionen sind angelernt – und können abgelegt werden

und sie berauben uns der Freude. Dabei wird niemand mit negativen Emotionen geboren. Es gibt keine negativen Babys. Jede *Negativ-Emotion*, die wir als Erwachsene erfahren, lernen wir in unserer Kindheit durch einen ständigen Prozess der Imitation, Praxis, Wiederholung und Bestärkung. Aber weil die negativen Gefühle angelernt sind, können Sie sich auch davon befreien.

Schuld raubt Lebensfreude

Nehmen wir zum Beispiel *Schuld:* Menschen mit Schuldkomplexen neigen zu destruktiver Selbstkritik. Sie finden immer Möglichkeiten, sich zu kritisieren:

- Ich habe keinen Sinn für Zahlen.
- Ich bin darin nicht besonders gut.

Sie suchen immer nach Gründen für die eigene Unzulänglichkeit. *Menschen, die sich schuldig bekennen, werden auch gern von anderen benutzt.* Chefs verlassen sich auf die Schuldgefühle ihrer Mitarbeiter und halten diese damit unter Kontrolle. Ein offensichtlicher Ausdruck von Schuld ist das Benutzen der so genannten Opfersprache.

- Ich muss.
- Ich kann nicht.
- Könnte ich bloß.
- Ich kann nichts dafür.
- Ich werde es versuchen.

Mit solchen Äußerungen entschuldigt man sich schon im Voraus für sein späteres Versagen.

Opfersprache vermeiden

Falls Sie ebenfalls diese *Opfersprache* sprechen, dann lernen Sie ab heute um. Sagen Sie: „Ich werde ..." oder „Ich werde nicht ...", „Ich will!" statt „Ich muss!" Allein durch Ihre Sprache werden Sie selbstbewusster in der Bewältigung Ihrer Aufgaben.

10.5 Wie Sie schlechte Gefühle loswerden

Je länger Ärger, Frustration und Schuldgefühle andauern, umso mehr breiten sich diese Gefühle aus – wie eine heimtückische Krankheit. Sie können Sie Ihren Schlaf, Ihre Freude, Ihre Gesundheit, Ihre Freunde oder Ihre Arbeitsstelle kosten. *Mit folgenden Strategien besiegen Sie diese ewigen Runterzieher:*

Strategien gegen Räuber-Emotionen

■ Erlauben Sie niemandem, Sie ungerechtfertigt zu kritisieren.

Lassen Sie sich nicht „runtermachen"

Reagieren Sie darauf zum Beispiel mit: „Ich wünsche nicht, dass Sie so mit mir reden."

■ Lassen Sie sich nicht länger mit Schuldzuweisungen manipulieren.

Reagieren Sie nicht auf Schuldzuweisungen

Egal, ob es Ihr Partner, Ihre Mutter oder Ihr Chef ist: Verstummen Sie einfach, wenn das nächste Mal jemand versucht, das Schuldprinzip auf Sie anzuwenden. Rechtfertigen Sie sich nicht, lassen Sie sich nicht provozieren. Schauen Sie die Person nur an. Denn es gehören immer zwei zu diesem Spiel.

■ Diskutieren Sie nicht über die Schuld anderer:

Sprechen Sie nicht schlecht über andere

Lehnen Sie es zukünftig ab, über das Verhalten anderer zu reden.

■ Hören Sie auf damit, sich über das Verhalten anderer zu ärgern.

Lassen Sie sich nicht provozieren

Reizt Sie jemand zum Ärgern, dann entschuldigen Sie ihn mit: „Er hat vielleicht einen schlechten Tag."

Reagieren Sie nicht beleidigt

■ Nehmen Sie die Dinge nicht zu persönlich.

Sie können sich nur in dem Maße über etwas ärgern, in dem Sie sich persönlich damit identifizieren. In dem Moment, wo Sie aufhören, die Dinge auf sich zu beziehen, erringen Sie die Kontrolle über Ihre Gefühle.

Übernehmen Sie für jeden Fehler die Verantwortung

■ Schieben Sie nicht die Schuld auf andere.

Etwa 99 Prozent Ihrer negativen Emotionen kommen daher, dass Sie anderen die Schuld für Ihr Unglück geben. Folgender Satz gibt Ihnen die Kontrolle über Ihre Gefühle immer wieder zurück: *„Ich bin dafür verantwortlich!"*

Lernen Sie, „Nein" zu sagen

Nehmen Sie sich regelmäßig die Zeit, Ihr Leben eingehend zu betrachten. Wo stehen Sie im Augenblick? Wo möchten Sie hin? Sind Sie glücklich, mit dem, was Sie tun? Ist es das, was Sie ursprünglich im Kopf hatten? Investieren Sie genauso viel Zeit darin, maximale Befriedigung, Glück und das *Erfolgstrio Selbstbewusstsein, Selbstwertgefühl und persönlichen Stolz* zu erreichen. Eines der wichtigsten Worte, um Ihre Balance wiederzufinden heißt: „Nein!" Wenn ein Projekt – egal, ob beruflich oder privat – nicht die beste Art ist, Ihre Zeit zu verbringen oder zu investieren, *sagen Sie „Nein!"* und tun Sie etwas anderes, das es wert ist.

Welche Dinge sollten Sie hinter sich lassen?

Wenn Sie unsicher sind, was das sein könnte, gehen Sie zu Ihrem Vorgesetzten. Fragen Sie ihn, ob es Dinge gibt, die Sie momentan tun, die sehr viel Zeit benötigen, die aber eigentlich überflüssig sind oder von einem anderen getan werden könnten. Setzen Sie sich mit Ihrer Familie zusammen und fragen Sie, ob es Dinge gibt, die Sie ohne Probleme oder Nachteile aufgeben könnten. Sie werden hilfreiche Antworten erhalten.

Hier eine wichtige Regel, die wohl den meisten Menschen mehr als alles andere zum Erfolg verholfen hat und dabei sehr einfach ist:

> Es liegt an Ihnen, sich Ihren Seelenfrieden als höchstes Ziel zu setzen und Ihr Leben danach zu organisieren. Erklären Sie diesen Frieden zu Ihrem obersten Ziel und ordnen Sie ihm alle kleineren Ziele unter. Wenn Sie das tun, wird sich Ihr ganzes Leben verändern.

Sorgen Sie für Ihren Seelenfrieden

Erfolgreiche Menschen jedes Kalibers, egal, ob Männer oder Frauen, leben in voller Integrität mit sich. Was sie nach außen tun, steht in vollem Einklang mit ihrem inneren Denken und Fühlen. Eine *Rückbesinnung auf Ihre inneren Werte* und tiefsten Überzeugungen erweist sich tatsächlich als die Lösung für jedes Problem in Ihrem Leben.

Wann immer Sie Ihre Balance vermissen, fragen Sie, welche Werte Sie vernachlässigen, um Ihr derzeitiges Leben zu führen. Integrität? Ehrlichkeit? Verbindlichkeit? Großzügigkeit? Freundlichkeit? Liebe? Welche Werte geben Sie auf und opfern dafür Ihre Balance?

Arbeiten Sie an Ihrer Balance

Für nichts auf der Welt dürfen Sie Ihren *Seelenfrieden* aufs Spiel setzen – nicht für einen Job, nicht für Geld oder für eine Beziehung. Sie werden am Ende immer ohne alles dastehen – ohne Geld, ohne Job, ohne Beziehung. Hören Sie auf Ihre innere Stimme. Lassen Sie sich von ihr führen wie von einem Radarsystem.

Fragen Sie sich immer wieder, was Sie tun würden, *wenn Sie nur noch sechs Monate, sechs Wochen, sechs Tage* oder sogar nur noch sechs Stunden *zu leben hätten*. Was, wenn Ihnen nur noch sechzig Minuten Lebenszeit vergönnt

Hinterfragen Sie täglich Ihr Tun

KAPITEL 10

Hören Sie auf Ihre innere Stimme

wären? Sie wissen nicht, was wirklich wichtig ist, bevor Sie nicht wissen, was Sie tun würden, *wenn Sie nur noch eine Stunde zu leben hätten.* Wenn Sie nur noch eine einzige Stunde übrig hätten, würden Sie garantiert nicht zurück ins Büro wollen, um rasch noch ein paar Anrufe zu erledigen. Tatsache ist: Mit wem auch immer Sie Ihre letzten Stunden verbringen wollen, es ist die Person, mit der Sie schon jetzt mehr Zeit verbringen sollten, um Ihr Leben in die perfekte Balance zu bringen. Das ist der Schlüssel zu einem hohen Grad an Selbstbewusstsein, Selbstwertgefühl und persönlichem Stolz.

Aktionsplan: Ihre ersten Schritte zur Lebens-Balance

Ihr ideales Leben

1. Stellen Sie sich eine *Traum-Liste* auf. Beschreiben Sie Ihren idealen Lebensstil. Welche *fünf Dinge* würden Sie in Ihrem Leben haben wollen, wenn Sie keine Beschränkungen hätten?

(1) _____

(2) _____

(3) _____

(4) _____

(5) _____

Zutaten für Lebens-Balance

2. Wovon sollten Sie *mehr* tun, um Ihr Leben wieder in *Balance* zu bringen? Wovon *weniger?*
Mehr:

_____

_____

158

Weniger:

_____

_____

3. Was können Sie innerhalb Ihrer *Familie* tun, um eine **Lebensbereich**
   bessere Balance zu erreichen?   **Beziehung**

_____

_____

4. Was können Sie innerhalb Ihrer *Arbeit* tun, um eine **Lebensbereich**
   bessere Balance zu erreichen?   **Arbeit**

_____

_____

5. Welche Schritte tun Sie für Ihre *Körper-Balance?*   **Lebensbereich**
                                                        Gesundheit

_____

_____

6. Überprüfen Sie jeden Schritt bezüglich Ihres Werte-   **Lebensbereich**
   systems! Welche *Werte* möchten Sie durch Ihr Alltags- **Sinn**
   leben pflegen?

_____

_____

Literaturverzeichnis

ASGODOM, SABINE: *Der süße Duft des Erfolgs*. Souverän auf eigenen Wegen. München: Kösel, 2014.

ASGODOM, SABINE: *So coache ich*: 25 überraschende Impulse, mit denen Sie erfolgreicher werden. 6. Aufl. München: Kösel, 2014.

ASGODOM, SABINE: *12 Schlüssel zur Gelassenheit*. So stoppen Sie den Stress. München: Goldmann, 2008.

BRAND, MARKUS und ION, FRAUKE (Hrsgg.): *Die 16 Lebensmotive in der Praxis.* Training, Coaching und Beratung nach Steven Reiss. Offenbach: GABAL, 2011.

COVEY, STEPHEN R.: *Die 7 Wege zur Effektivität*. Prinzipien für persönlichen und beruflichen Erfolg. 36. Aufl. Offenbach: GABAL, 2016.

COVEY, STEPHEN R., MERRILL, A. ROGER und MERRILL, REBECCA R.: *Der Weg zum Wesentlichen*. Der Klassiker des Zeitmanagements. 7. Aufl. Frankfurt/New York: Campus, 2014.

FRIEDRICH, KERSTIN, MALIK, FREDMUND und SEIWERT, LOTHAR: *Das große 1x1 der Erfolgsstrategie*. EKS® – Die Strategie für die neue Wirtschaft. 21. Aufl. Offenbach: GABAL, 2015.

KÜSTENMACHER, WERNER TIKI und SEIWERT, LOTHAR: *Simplify Your Life.* Einfacher und glücklicher leben. 16. Aufl. Frankfurt/New York: Campus, 2008.

MCGRAW, PHILLIP C.: *Lebensstrategien*. 10 Regeln, damit Ihnen das gelingt, worauf es im Leben wirklich ankommt. 4. Aufl. München: mvg, 2007.

SEIWERT, LOTHAR: *Ausgetickt: Lieber selbstbestimmt als fremdgesteuert*. Abschied vom Zeitmanagement? 2. Aufl. München: Ariston, 2011.

SEIWERT, LOTHAR: *Das 1x1 des Zeitmanagement*. Zeiteinteilung, Selbstbestimmung, Lebensbalance. 37. Aufl. München: Gräfe und Unzer, 2015.

SEIWERT, LOTHAR: *Das neue Zeit-Alter*. Warum es gut ist, dass wir immer älter werden. München: Ariston, 2014.

SEIWERT, LOTHAR: *Die Bären-Strategie: In der Ruhe liegt die Kraft*. 7. Aufl. München: Ariston, 2011.

SEIWERT, LOTHAR: *Die Tiger-Strategie.* Wer für seine Erfolge nicht selber sorgt, hat sie nicht verdient. München: Ariston, 2016.

SEIWERT, LOTHAR: *Lass los und du bist Meister deiner Zeit.* Mit Konfuzius entschleunigen und Lebensqualität gewinnen. 3. Aufl. München: Gräfe und Unzer, 2014.

SEIWERT, LOTHAR: *Noch mehr Zeit für das Wesentliche.* Zeitmanagement neu entdecken. 6. Aufl. München: Goldmann, 2015.

SEIWERT, LOTHAR: *Simplify Your Time.* Einfach Zeit haben. Frankfurt/New York: Campus, 2010.

SEIWERT, LOTHAR: *Wenn du es eilig hast, gehe langsam.* Mehr Zeit in einer beschleunigten Welt. 16. Aufl. Frankfurt/New York: Campus, 2012.

SEIWERT, LOTHAR: *Zeit ist Leben, Leben ist Zeit.* Die Probleme mit der Zeit lösen // Die Chancen der Zeit nutzen. 2. Aufl. München: Ariston, 2013.

SEIWERT, LOTHAR (Hrsg.): *Die besten Ideen für erfolgreiche Führung.* Erfolgreiche Speaker verraten ihre besten Konzepte und geben Impulse für die Praxis. Offenbach: GABAL, 2014.

TRACY, BRIAN: *Thinking Big.* Von der Vision zum Erfolg. 9. Aufl. Offenbach: GABAL, 2014.

TRACY, BRIAN und ENKELMANN, NIKOLAUS B.: *Der Erfolgs-Navigator.* Ohne Stress und Burnout private und berufliche Ziele verwirklichen. Wien: Linde, 2008.

Wöchentlicher Newsletter

SEIWERT-TIPP. *1 Minute für 1 Woche Balance.* Ihr persönliches Erfolgscoaching mit jeweils einem konkreten Tipp zu den vier Lebensbereichen Job, Kontakt, Body & Mind. Kurzer, knapper e-Newsletter mit praktisch umsetzbarem Sofort-Nutzen (*kostenlos*, erscheint wöchentlich). Zu abonnieren unter: *www.Lothar-Seiwert.de*

Social Media

Lothar Seiwert on **twitter**: *www.twitter.com/Seiwert*
Become a fan on **Facebook**: *www.facebook.com/Lothar.Seiwert*
Lothar Seiwert **Homepage:** *www.Lothar-Seiwert.de mit vielen aktuellen Tipps*

Stichwortverzeichnis

Was ist die eine Sache, die uns dabei hilft, ein großartiges Leben zu führen?

Wissen Sie... meine Freunde sagen, dass ich ein Glückspilz bin. Und ich gebe es zu. Ich mag mein Leben. Mein Leben ist toll. Ich genieße viele der guten Dinge im Leben. Liebe. Respekt. Anerkennung. Wohlstand. Natürlich habe ich auch meine kleinen Probleme, aber wer hat die nicht.

Ich beschäftige mich nun beruflich mit dem Thema "Lebensglück" und deswegen werde ich häufig gefragt, was man tun kann, um ein großartiges Leben zu führen.

Viele möchten eine einfache Antwort auf diese Frage. Ich würde auch gerne eine einfache Antwort geben. Das Dumme ist nur, dass ich persönlich keine einfache Antwort kenne. Und ich kenne mich schon ganz gut aus.

Ja, es gibt sehr viele verschiedene Ansätze, um sich ein großartiges Leben zu schaffen. Nun ist jeder von uns anders, einmalig, etwas Besonderes. Deswegen funktionieren für jeden von uns andere Dinge. Und unser Job ist es nun, herauszufinden, was uns dabei hilft, uns ein großartiges Leben zu schaffen.

Was hilft alles dabei, die guten Dinge im Leben zu bekommen?

Mit diesen Fragen beschäftigen wir uns in unserem kostenlosen Online-Magazin zeitzuleben.de

Jede Woche gibt es bei uns kostenlose Ideen, inspirierende Geschichten und viele Dinge zum Herunterladen.

Also alles, was Sie brauchen, um Ihr Leben noch mehr in die Hand zu nehmen.

zeitzuleben.de

LOTHAR.SEIWERT
ZEITNAH